居酒屋・餐酒館・酒吧

關東煮料理

-MODERN ODEN-

瑞昇文化

關東煮竟是自由發揮度這麼高的料理！

無論是餐飲店、便利商店，還是在家中，「關東煮」是天氣一變冷就很受歡迎的料理。享用時熱騰騰的美味、蔬菜肉類漿丸類各種食材賦予的趣味，這些都是關東煮的魅力所在。

我們所熟悉的關東煮如今更進化成會出現在居酒屋、餐酒館、酒吧的料理。關東煮食材會用關東煮高湯烹煮，這過去非常簡單的料理搖身一變，成了風味與呈現充滿巧思的「新型態關東煮」。

書中會介紹過去不曾有過，以法式高湯或雞湯烹煮的關東煮，上菜時澆淋蛤蜊高湯的關東煮，甚至還有淋上牛肝菌菇醬的關東煮，都是有著意想不到美味的關東煮。

關東煮或許給人一種古早料理的印象，如今卻兼具了「傳統 X 革新」的無設限巧思。

本書會聚焦在居酒屋、餐酒館、酒吧的「現代版關東煮料理」。

書中除了集結 10 間人氣餐廳的 100 道關東煮料理與巧思，更收錄了關東煮高湯以及關東煮醬汁的製法。

讓讀者們也能感受到，關東煮竟是自由發揮度這麼高的料理，以及其中嶄新的可能性。

フレンチ
おでん

CONTENTS

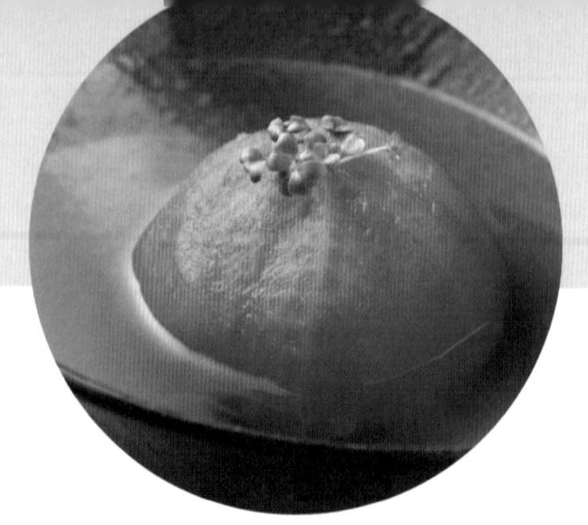

閱讀本書前

※ 書中介紹的店家資訊、菜單及價格皆為採訪期間之內容（2016 年 11 月～2017 年 4 月）。
※ 書中也包含了店家的季節或期間限定料理，實際上可能已無提供。此外，根據進貨食材及季節風格概念的不同，使用的食材、配料、擺盤可能會與書中內容有所出入，請讀者們知悉。
※ 材料及作法敘述完全遵從各店家提供之內容。作法份量若是「適量」、「少許」等字眼，敬請各位根據實際情況與個人喜好調整用量。
※ 加熱時間、加熱溫度是以各店家使用的設備為基準。

< INDEX >關東煮食材種類　索引

居酒屋、餐酒館、酒吧的
關東煮料理
食譜與巧思

目前逐漸在居酒屋、餐酒館、酒吧普及的「現代版關東煮料理」不僅活用了過去關東煮未曾出現的嶄新食材，更結合法式、義式烹調手法，可說既多元又不設限。當然也包含了象徵當今食肉風潮的「肉類關東煮」。書中除了會介紹各店人氣關東煮料理的作法及變化巧思，更收錄了全新概念的醬汁作法。

東京・北千住

ARUKIHAJIME

歩きはじめ

澄澈的關西風味關東煮高湯。店家會把鍋裡的牛筋、漿丸類等本身就有味道的食材分開擺放。

『歩きはじめ』的MODERN ODEN

● 關東煮單點：100 ～ 730 日圓（未稅）

招牌關東煮料理共 23 道，像是「滷蛋」（100 日圓）、「白蘿蔔」（120 日圓）等，價格約 100 日圓出頭的基本料理。「十勝香草牛肚（皺胃）」、「牛筋」等肉類關東煮很有份量，價位落在 500 多日圓，皆為 580 日圓。因為關東煮還會搭配醬汁，所以基本上都是提供單點，而非關東煮拼盤。

● 關東煮高湯：柴魚高湯

以羅臼昆布打底，再搭配多種柴魚片製成的澄澈關東煮高湯。最後加鹽、淡口醬油，讓高湯帶點顏色。湯頭味道清淡，甚至能將之飲盡，關東煮高湯的香氣反而會比嚐起來的味道更讓人印象深刻，卻又能扮演好配角，完美襯托出主角關東煮的美味。

店長真田輔走遍東京、大阪的新舊類型關東煮專賣店，甚至會研究便利商店的關東煮，開發各種自創料理。

與醬汁組合後，
更有居酒屋風格的不設限嶄新關東煮

母公司一步一步是以東京北千住為中心，經營有『炉端焼き 一歩一歩』、『にぎりの一歩』等，跨足居酒屋、壽司店、咖啡店，型態相當多元的餐飲業者。2016 年 7 月開幕的第七間餐飲店『歩きはじめ』也是一步一步的首間關東煮店。店鋪以巷弄內的一戶公寓改裝而成，所在位置雖然讓專程前來的客人也很難找到，卻能在客人的口耳相傳下，天天門庭若市。

店長真田竜輔認真研究日本各地的人氣關東煮店後，推出許多自家才有的獨創關東煮料理。真田店長表示，「一般家裡都蠻常煮關東煮，在便利商店也能輕鬆購買，所以我希望店裡提供客人在家吃不到、便利商店買不到，卻又能讓客人開心享用的關東煮」。關東煮高湯使用了大量的高級食材羅臼昆布，也是為了讓『歩きはじめ』的關東煮與一般家庭或其他關東煮店做出區隔。

菜單除了有「白蘿蔔」、「雞蛋」等基本料理，也嘗試「蛤蜊杏鮑菇」、「茼蒿山藥泥」等加點功夫的多樣組合。北千住車站前的開發雖然不曾間斷，卻仍保留著復古懷舊風情。也因為這樣的地理位置，店家希望能讓在地客人接觸到嶄新的美味，於是結合義式牛肝菌菇醬，積極選用在地較少見的食材與關東煮結合。

關東煮高湯的味道簡單清淡，所以非常好做後續發揮，無論是澆淋羅勒醬的「番茄佐羅勒醬」、搭配牛肝菌菇醬的「白蘿蔔佐牛肝菌菇醬」，還是澆淋以大量千住蔥自製成「醬油蔥」的「豆腐」，為客人獻上搭配不同醬料、醬汁的單點料理風格關東煮。料理中也少不了「牛筋」、「十勝香草牛肚」等肉類關東煮。

除此之外，店裡還提供了結合關東煮高湯的日式蛋捲、炒飯等菜餚供客人選擇。再加上集團旗下也有居酒屋，業者於是把「日式炸雞」、「美乃滋蝦球」、「炸火腿排」等料理也加入菜單中，讓『歩きはじめ』既是關東煮店，又像居酒屋，成功拉高常客的回頭率。

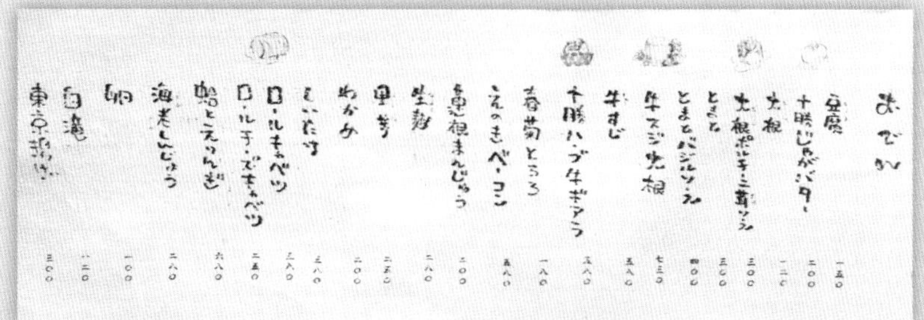

關東煮包含季節性品項約有 20 種，無論是熟悉的招牌關東煮，還是用陌生食材製成的關東煮，種類一應俱全。即便是白蘿蔔、蒟蒻絲這類很平常的關東煮，搭配上店家的自製醬汁及調味料後，還是能嘗到不一樣的風味。

店內基本上都是緊鄰關東煮鍋，地板凹洞式的吧檯座位，客人們能與店員面對面聊天。

以一戶公寓改裝而成，入口處維持原本的模樣。店門口掛了一塊非常低調的門牌看板。

SHOP DATA

<地址>東京都足立区千住 3-76 コーポ池田
<電話> 03-5284-9770　<營業時間> 17:00 ～ 23:00
<店休日>新年、年底　<規模> 20 坪、20 人
<預算> 4000 日圓　< HP > http://ippoippo.co.jp/

將最具代表性的關東煮白蘿蔔
佐上牛肝菌菇醬享用

白蘿蔔 佐牛肝菌菇醬

300 日圓（未稅）

將香氣濃烈的牛肝菌菇醬澆淋在經典的白蘿蔔上，就是一道充滿西式風味的菜餚。
料理中使用了粉末及乾燥的牛肝菌菇。粉末能帶出香氣，乾燥菇則能展現滋味及口感。牛肝菌菇醬是先把奶油白醬加高湯稀釋，再加入用高湯泡開的乾燥牛肝菌菇、牛肝菌菇粉、鹽、淡口醬油，增加與和風白蘿蔔關東煮的相搭性。

材料（10 盤份）

白蘿蔔（每塊 120 ～ 130g）…10 塊
米…1 把
水…適量
關東煮高湯（參照 P.183）…2 ℓ

＜上菜用（1 盤份）＞
　牛肝菌菇醬＊…約 30g

MEMO

預煮白蘿蔔時要留意硬度。這時煮太軟的話，最後可能會整個化開，煮到用竹籤插入時還有點阻力就可起鍋，接著再去除蘿蔔的澀味。

作法

>>> 準備作業

1 切掉蘿蔔末端較細的部分。切成 2 ～ 3cm 厚的圓塊，削皮。每塊重量約 120 ～ 130g。

2 在1的上下兩面分別劃入十字刀痕。

3 把2與一把米放入鍋中，倒入差不多能蓋過食材的水量。鋪上烘焙紙作為小鍋蓋，將食材加熱。維持冒泡滾沸的狀態燉煮 1 小時。

4 從鍋中取出白蘿蔔，沖水30分鐘，洗掉苦澀味。

5 用關東煮高湯把白蘿蔔煮1.5～2小時後撈起，稍微放涼就可擺入容器，靜置冰箱冷藏一晚。隔日開店2～3小時前放入關東煮鍋，使其入味。

>>> 上菜

6 將⑤盛盤，澆淋溫熱的牛肝菌菇醬。

＊牛肝菌菇醬

材料（1次烹煮量、約20盤份）

乾燥牛肝菌菇…20g
基本高湯（參照P.183）…270cc
牛肝菌菇粉…6g
奶油白醬＊＊…500g
鹽…少許
淡口醬油…少許

作法

1 乾燥牛肝菌菇剁碎，放入基本高湯（90cc）泡開。

2 奶油白醬倒入小鍋子，以小火加熱，並加入基本高湯（180cc）稀釋開來。

3 將2用濾網篩過，壓碎結塊的醬料。倒回小鍋子，以小火加熱並加入1，使兩者充分混合。

4 將牛肝菌菇粉倒入3，以小火加熱拌勻。添加鹽、淡口醬油調味。稍微放涼後，放入容器冷藏存放。

＊＊奶油白醬

材料（1次烹煮量）

無鹽奶油…100g　　鹽…少許
低筋麵粉…100g　　砂糖…少許
牛奶…1 ℓ

MEMO

要用非常微弱的小火，一點一點慢慢加入牛奶攪拌，才能做出滑順的奶油白醬。

作法

1 奶油加熱融化後，加入麵粉攪拌，少量分次加入牛奶，邊加熱邊攪拌，避免食材結塊，稍微加點鹽、砂糖調味。放涼後，放入容器冷藏存放。

番茄＆羅勒醬！
嶄新魅力的義式關東煮

番茄 佐羅勒醬

400 日圓（未稅）

番茄已逐漸成為關東煮常出現的料理，把關東煮的番茄搭配香氣強烈的羅勒醬，打造成充滿特色的義式風味。
前置處理時番茄不可過熟，以免果肉軟爛。
熱水汆燙去皮後，以調味較關東煮高湯再重一點的湯汁趁熱直接澆淋，靜置一晚使其充分入味。

材料（1 盤份）

番茄…1 顆（150 ～ 170g）
基本高湯（參照 P.183）…適量
味醂…適量
淡口醬油…適量
羅勒醬＊…30g

MEMO

汆燙去番茄皮時，浸熱水的時間不可太長，以免番茄過熟。加熱時間短，番茄皮可能會不易剝除，但考量後續還要烹煮，建議番茄皮有點翻起時就要起鍋。

作法

>>> 準備作業

1 汆燙去除番茄皮。用刀尖挖掉番茄蒂頭處，另一邊用刀子劃上十字。

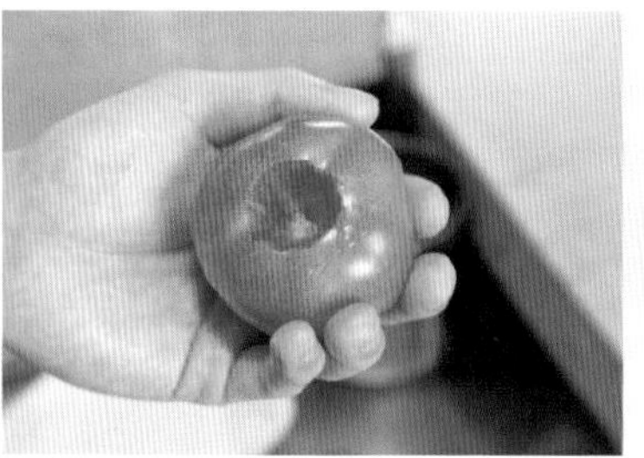

2 把1放入滾水稍作汆燙，皮翻開後撈起，浸冷水冰鎮，剝掉番茄皮。

3 取基本高湯、味醂、淡口醬油，比例為 12：1：1，倒入小鍋子混合並煮沸。

4 將[2]的番茄擺入容器，蓋上餐巾紙，再從紙上方澆淋[3]，要能大致蓋過番茄。放涼後靜置冰箱冷藏至少一晚。

MEMO

改用溫熱高湯浸泡放冷入味，避免直接燉煮使番茄無法維持形狀。可以冷藏存放 2 ～ 3 天。營業期間會放入關東煮鍋加熱，但這樣番茄也會變軟，所以要當天賣完。

5 開店 2 ～ 3 小時前，將[4]放入關東煮鍋加熱。

>>> 上菜

6 將[5]盛盤，澆淋羅勒醬。

＊羅勒醬

材料（1 次烹煮量、約 30 盤份）

羅勒…100g
菠菜…200g
橄欖油…1 ℓ
帕瑪森起司…50g
大蒜泥…2g
鹽…少許
黑胡椒…少許

MEMO

使用新鮮羅勒，才能讓客人享受到羅勒醬應有的香氣。搭配菠菜降低成本花費。

作法

1 用食物調理機把羅勒、菠菜打爛，加入橄欖油繼續攪拌。橄欖油可分次添加。

2 依序加入帕瑪森起司、大蒜泥、鹽並繼續攪拌，最後加入黑胡椒。倒至容器冷藏存放。

牛肚搖身一變成了高尚關東煮，
開胃的嗆辣味噌醬同樣深獲好評

十勝香草牛肚

580 日圓（未稅）

這道肉類關東煮使用了牛的第四個胃—皺胃。

皺胃直接食用會有個腥味，所以要仔細前置處理，以關東煮高湯燉煮變軟後，倒掉湯汁，去除腥味。

燉煮後的牛肚可以直接品嘗，店家還會佐上以信州味噌添加豆瓣醬自製而成的嗆辣「牛肚味噌」，讓客人享受到滋味的變化。

材料（15 盤份）

牛肚（皺胃，已前置處理）…1.5kg
關東煮高湯（參照 P.183）…4 ℓ
蔥末…適量
牛肚味噌＊…適量

MEMO

內臟類的牛肚很容易有腥味，要特別注意。可購買已前置處理過的牛肚，並於店內再稍微煮過，仔細搓洗，徹底去除腥味。

將牛肚放入附蓋容器，於容器上方擺放「牛肚味噌」，以看不見內容物的方式營造出高尚氛圍，也能增加客人的期待，相當獲得好評。

作法

>>> 準備作業

1 牛肚放入滾水中稍作汆燙。取出牛肚，邊水洗邊用手搓揉，切成適口大小。

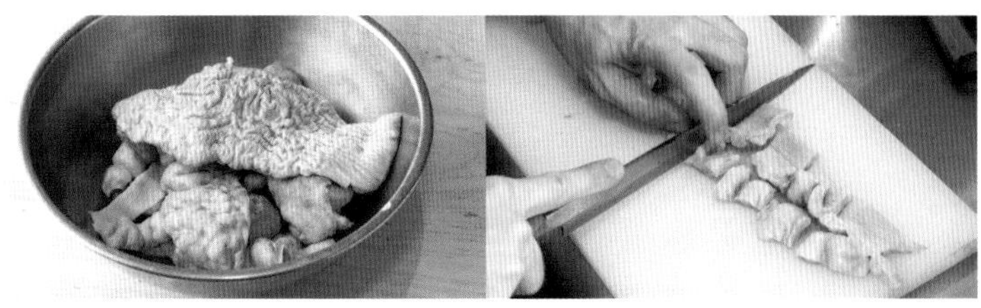

2 把切好的牛肚放入壓力鍋，倒入溫熱的關東煮高湯（3 ℓ），加壓烹煮 30 分鐘。

3 倒掉2的湯汁，取出牛肚。

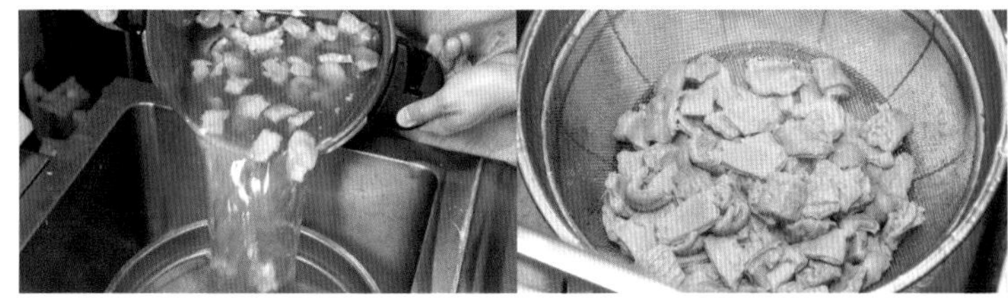

4 將牛肚放入容器中，再倒入溫熱的關東煮高湯（1 ℓ），湯汁高度要差不多能蓋過牛肚。放涼後，置入冰箱冷藏存放。

5 開店 2 ～ 3 小時前，將4放入關東煮鍋加熱。

>>> 上菜

6 將5盛盤（每盤 100g），撒上蔥末，佐上牛肚味噌（每盤 20g）。

＊牛肚味噌

材料（1 次烹煮量、12 ～ 13 盤份）

信州味噌…200g
豆瓣醬…20g
味醂…80 cc

作法

1 混合所有材料，置入容器，冰箱冷藏存放。

以關東煮高湯燉煮後，
能更襯托出牛筋的鮮味

牛筋

580 日圓（未稅）

把油脂含量多，口感表現較膩的牛筋仔細處理後，就能成為一道風味高尚的佳餚。
先將牛筋汆燙去腥後，放入壓力鍋以關東煮高湯燉煮變軟再次去腥。接著加入新的高湯作保存。
這樣的處理方式能完全去除牛筋的腥味，清爽口感深得眾年齡客層的喜愛。最後再搭配蔥末及柚子胡椒作為佐料。

材料（1 次烹煮量、15 盤份）

牛筋…2 kg
關東煮高湯（參照 P.183）…4 ℓ
蔥末…適量
柚子胡椒…適量

MEMO

要用壓力鍋將牛筋完全煮軟，為了讓牛筋做成關東煮時口感清爽，同時避免放入關東煮鍋時湯汁變混濁，所以必須汆燙兩次，徹底去腥及多餘的油脂。

作法

>>> 準備作業

1 牛筋汆燙去腥，切成適口大小。

2 把切好的牛筋放入壓力鍋，倒入關東煮高湯（3 ℓ），加壓烹煮 30 分鐘。

3 倒掉2的湯汁，取出牛筋。

4 將牛筋放入容器中，再倒入溫熱的關東煮高湯（1 ℓ），湯汁高度要差不多能蓋過牛筋。放涼後，置入冰箱冷藏存放。

5 開店 2 ～ 3 小時前，將4放入關東煮鍋加熱。

>>> 上菜

6 將5盛盤（每盤 100g），撒上蔥末，佐上柚子胡椒。

彈牙的蝦丸，
佐上鮮豔的毛豆醬享用

蝦丸

280 日圓（未稅）

這道關東煮的靈感來自和食的碗物料理，以生的魚肉泥和去殼蝦自製成蝦丸後，
佐上毛豆製成的鮮豔蘋果綠色醬料，就是一道高雅佳餚。
這裡刻意減少山藥量，增加魚肉使用量，展現出丸類料理的嚼勁。
醬料則是以汆燙毛豆為基底，搭配關東煮基本高湯、砂糖、淡口醬油做簡單調味。

材料（1 次烹煮量、13 盤份）

<蝦丸漿>
生魚肉泥…500g
去殼蝦（草蝦剁成粗末）…200g
山藥泥…30g
蛋黃…1/2 顆
鹽…少許
淡口醬油…少許
上白糖…少許

關東煮高湯（參照 P.183）…適量
毛豆醬＊…適量

MEMO

為講究美味，需使用新鮮魚肉。也請使用新鮮的毛豆，並確實剝除外層薄膜，確保醬料滑順口感。醬料可冷藏存放 4 ～ 5 天。

作法

>>> 準備作業

1 製作蝦丸漿。混合所有材料，用手搓壓，揉成每顆 50g 的丸子。

2 以蒸爐（100℃、20 分鐘）或蒸籠（20 分鐘）蒸熟。

3 放涼後，置入容器冷藏存放。

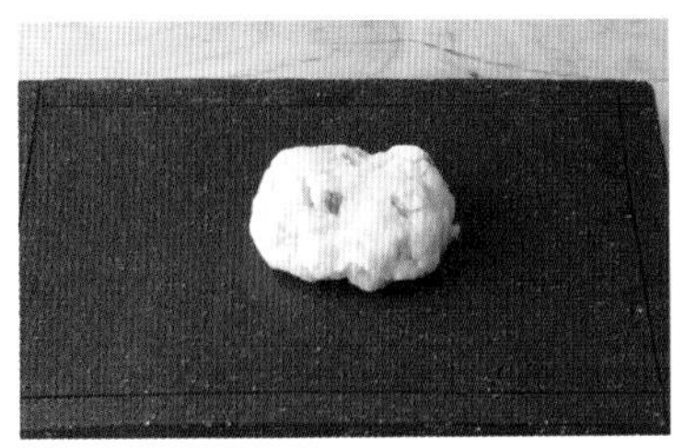

>>> 上菜

4 用關東煮高湯將3煮過，盛盤後，淋上毛豆醬（每盤 15g）。

＊毛豆醬

材料（1 次烹煮量、10 盤份）

毛豆（鹽水汆燙）…250g
基本高湯（參照 P.183）…250cc
砂糖…少許
淡口醬油…少許

作法

1 去除毛豆薄膜，放入食物調理機。

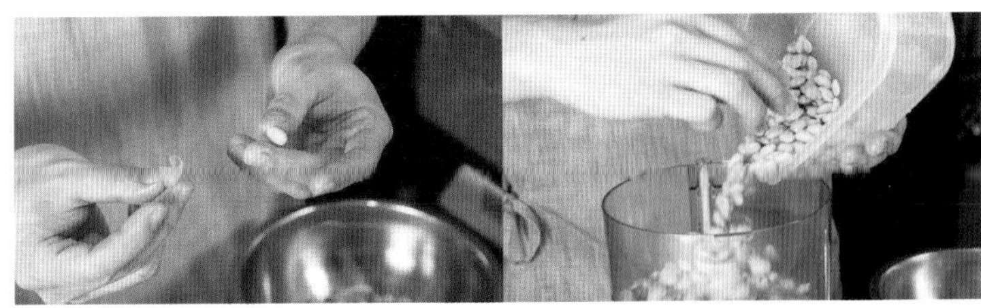

2 將其他材料倒入食物調理機，打成膏狀，放入冷藏保存。

Q 彈蓮藕丸
佐關東煮高湯羹

蓮藕丸

200 日圓（未稅）

以Q彈口感為賣點的蓮藕丸做成關東煮，漿料裡使用了蓮藕泥和蓮藕丁，蓮藕泥能夠讓材料更成型，蓮藕丁則使丸子更有口感。
搭配葛粉與關東煮基本高湯，以小火加熱並充分攪拌，裹上太白粉，油炸後便可存放。
客人點餐後只需稍微炸過加熱，再淋上關東煮高湯羹。

材料（1 次烹煮量、25 盤份）

蓮藕（磨泥）…1.2 kg
蓮藕（切丁）…300g
葛粉…180g
基本高湯（參照 P.183）…90cc
鹽…少許
淡口醬油…少許
太白粉…適量
沙拉油（炸油）…適量
關東煮高湯（參照 P.183）…適量
太白粉水…適量

MEMO

攪拌蓮藕漿的時候可以先以大火加熱，不過開始變熟很快就會硬掉。這時要立刻轉成非常微弱的小火，仔細拌勻。攪拌不足會使丸子黏度變差，一旦加熱就會整個散開，需多加留意。

作法

>>> 準備作業

1 蓮藕削皮，分成磨泥用與切丁用，再分別以食物調理機打成所需的狀態。

2 將1的蓮藕加基本高湯、鹽、淡口醬油，充分混合均勻。

3 將2倒入小鍋子繼續攪拌。先以大火加熱，開始成團後轉小火，繼續施力攪拌。

4 整個成團後，就可移到料理盆。放涼後，手上抹油，揉成 50g 的丸子。

5 在4的丸子表面撒點太白粉，放入 170℃ 油鍋稍微炸過。放涼後置入容器冷藏存放。

>>> 上菜

6 將5下 170℃ 油鍋炸 3 分鐘，盛盤。澆淋用太白粉水和關東煮高湯做成的羹湯。

用高麗菜包裹起司，
做成受女性喜愛的西式風味

高麗菜起司捲

250 日圓（未稅）

用高麗菜葉包裹起司做成的高麗菜捲。
店內雖然也提供了內餡為絞肉的高麗菜捲，但有女性客人表示，份量太多，
吃完後會吃不下其他關東煮，於是開發出這道輕食高麗菜捲。還能當成下酒菜品嘗，相當受歡迎。
先將起司捲入高麗菜中備用，客人點餐後只需入鍋稍微加熱就能上桌。

材料（1 次烹煮量、15 盤份）

高麗菜…1 顆
加工起司…450g
關東煮高湯（參照 P.183）…5 ℓ

MEMO

一般剝開高麗菜葉時，會以熱水加熱，但本店是以關東煮高湯處理。包入起司後只會稍作加熱，所以會在準備作業時讓高麗菜充分入味。

作法

>>> 準備作業

1 挖掉高麗菜芯，用關東煮高湯燉煮 15 分鐘。

2 撈起1並放涼。用刀子削掉比較厚的菜梗。

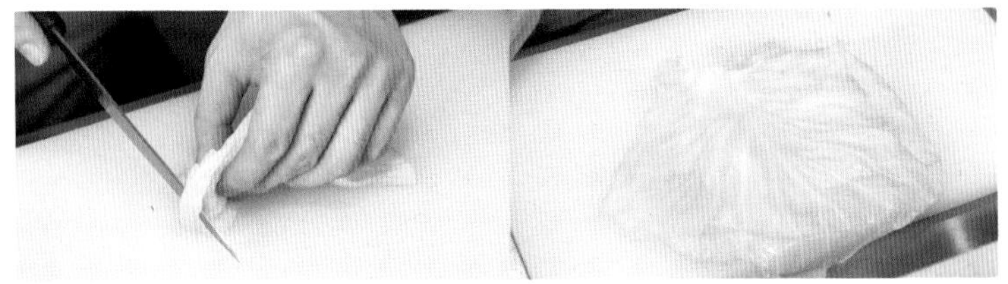

3 將起司（每盤用量 30g）擺在葉子中間，包裹捲起後，用牙籤固定。置入容器，冷藏存放。

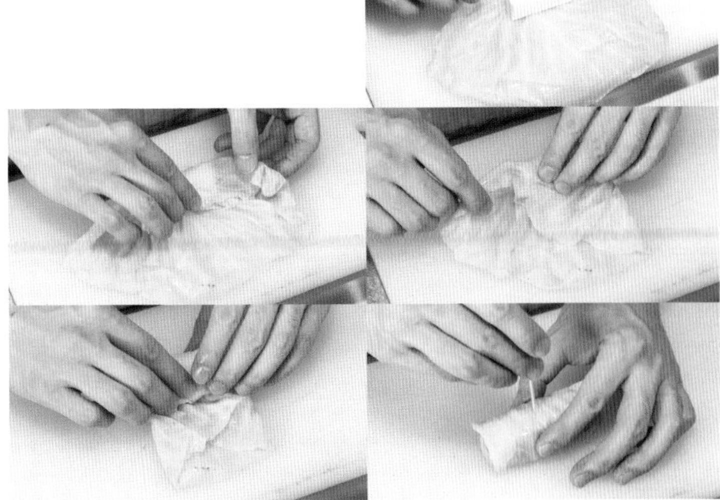

>>> 上菜

4 將3放入關東煮鍋加溫 8 分鐘，抽掉牙籤，對切成半後盛盤。加入關東煮高湯（份量外）。

珠蔥、生薑和豆皮！
既簡單又美味的「福袋關東煮」

蔥福袋

200 日圓（未稅）

將豆皮中間撕開成袋狀，塞入珠蔥蔥花、生薑，做成關東煮料理。
豆皮會出油，所以不要放入關東煮鍋裡，客人點餐後再另以高湯加熱供應。
珠蔥的香氣與恰到好處的口感，跟生薑的嗆勁、豆皮本身油的鮮味非常相搭，成就出既簡單卻又吃不膩的美味。

材料（2 盤份）

豆皮 …1 片
珠蔥（切蔥花 ）…60g
生薑（切丁）…30g
關東煮高湯（參照 P.183）…適量

MEMO

上桌前的加熱時間不要太久，才能發揮珠蔥的口感。

作法

>>> 準備作業

1 豆皮對切成半，中間剝開，汆燙去油。

2 珠蔥切丁，跟切成碎末的生薑混合。

3 將2塞入1，邊緣用牙籤固定。置入容器，冷藏存放。

>>> 上菜

4 關東煮高湯倒入小鍋子煮沸，稍微將3煮過。

5 將4連同高湯一起盛盤。

仿照湯豆腐！
蔥味醬油能讓味道更有深度

豆腐

150 日圓（未稅）

這是靈感來自湯豆腐的關東煮。盤子裡裝入半塊分豆腐（150g）的視覺效果及親民價位深受客人喜愛。
豆腐瀝乾後，以關東煮高湯慢慢熬煮入味，煮到豆腐軟硬度適中，口感絕佳。
最後淋上大量浸漬了千住蔥，風味絕佳的自製蔥味醬油，打造出吃不膩的好滋味。

材料（2 盤份）

嫩豆腐…1 塊（300g）
關東煮高湯（參照 P.183）…適量
蔥味醬油＊…20 cc
蔥末…適量

MEMO

豆腐一定要完全瀝掉水分，否則會很難入味。不要用加壓方式瀝水，而是花點時間讓水適量滲出。

作法

>>> 準備作業

1 將嫩豆腐切成 150g 重。料理盤鋪放餐巾紙，擺上豆腐靜置 1 小時，吸掉水分。

2 將①的豆腐放入小鍋子，倒入關東煮高湯，蓋過豆腐，慢火燉煮 1 小時。

3 開店 2 ～ 3 小時前，將②放入關東煮鍋加熱。

>>> 上菜

4 將③盛盤，澆淋蔥味醬油，擺上蔥末。

＊蔥味醬油

材料（1 次烹煮量）

千住蔥（蔥白）…2 根
調製醬油＊＊…1 ℓ

作法

1 將千住蔥切細浸漬於調製醬油中 2 ～ 3 天，放於冷藏存放。

＊＊調製醬油

材料（1 次烹煮量）

酒…150 cc
味醂…300cc
濃口醬油…600cc
柴魚片…50g

※ 酒、味醂、濃口醬油的比例為 1：2：4。

作法

1 酒、味醂入鍋加熱，讓酒精蒸發。加入濃口醬油繼續加熱，煮到沸騰冒泡後加入大量柴魚片。熄火放涼後，過濾即可使用。

濃郁鮮美的帆立貝醬油，
將蒟蒻絲變成令人無比享受的關東煮

蒟蒻絲

120 日圓（未稅）

將招牌關東煮的蒟蒻絲淋上濃郁鮮美的帆立貝醬油，就是一道讓人無比享受的佳餚。
帆立貝醬油是將乾燥帆立貝柱浸漬於調製醬油 2 ～ 3 天，在調製醬油的柴魚風味注入帆立貝的濃郁鮮味。
帆立貝醬油與其他關東煮搭配味道會略嫌過重，跟清淡的蒟蒻絲一起品嘗卻相當契合，深受客人認可。

材料（1 次烹煮量、15 盤份）

蒟蒻絲…900g
熱水…適量
帆立貝醬油＊…適量

作法

>>> 準備作業

1 蒟蒻絲放入滾沸熱水中汆湯 1 分鐘，撈掉浮沫，濾掉水分。

2 放涼後捆繞成型（1 盤 2 個、60g）。

3 開店 2 ～ 3 小時前，將[2]放入關東煮鍋使其入味。

>>> 上菜

4 將[3]盛盤，澆淋帆立貝醬油。

＊帆立貝醬油

材料（1 次烹煮量）

乾燥帆立貝柱…150g
調製醬油（參照 P.33）…750 cc

作法

1 將乾燥帆立貝柱浸漬於調製醬油至少 2 ～ 3 天，放入冷藏存放。

佐上混有雞絞肉的田樂味噌，
讓芋頭變得更美味！

芋頭

250 日圓（未稅）

這道關東煮的靈感來自於日式料理招牌的滷物。
芋頭氽燙後，以關東煮高湯慢火烹煮入味。放入關東煮鍋加溫，客人點餐後，佐上田樂味噌便可上桌。
田樂味噌以三種味噌混合而成，裡頭還加了雞絞肉和雙目糖，味道鹹甜充滿鮮味。
與味道清淡的關東煮做搭配，讓風味變得更多元。

材料（1 次烹煮量、5 盤份）

芋頭…1kg
水…適量
關東煮高湯（參照 P.183）…1 ～ 2 ℓ
田樂味噌＊…適量

MEMO

芋頭容易軟爛變形，建議切成六邊形。氽燙及烹煮時都要避免煮得太爛。

作法

>>> 準備作業

1 芋頭切成六邊形，氽燙至竹籤能夠插入。用濾網撈起放涼。

2 以關東煮高湯烹煮芋頭 1 小時，撈起放涼後，置入容器冷藏存放一晚。隔天開店 2 ～ 3 小時前放入關東煮鍋加溫。

>>> 上菜

3 將②盛盤（每盤 2 個），佐上田樂味噌。

＊田樂味噌

材料（1 次烹煮量、120 盤份）

紅味噌…300g
白味噌…150g
信州味噌…150g
味醂…180g
雙目糖…200g
雞絞肉…300g

作法

1 將味醂與雙目糖下鍋煮到收汁。

2 鍋子離火，加入三種味噌拌勻。

3 雞絞肉入熱水加熱成雞鬆狀，用勺子撈起。

4 ③加入②中拌勻。放入容器，置於冷藏存放。

用白雞蛋跟關東煮高湯做出區隔化
澆淋羹湯，蛋捲也能是關東煮！

米艷雞蛋日式高湯蛋捲

680日圓（未稅）

蛋汁和羹湯裡都使用了關東煮高湯，是關東煮店才能品嘗到的高湯蛋捲羹。
客人點餐後才會在開放式廚房煎蛋，客人不僅能嘗到現做的美味，視覺效果也非常棒。
使用知名雞蛋品種「米艷」，這種蛋雞吃米長大，雞蛋風味濃郁、蛋黃偏白，因此在視覺呈現上讓人印象深刻。

材料（1盤份）

雞蛋…3顆
關東煮高湯（參照P.183）…180 cc
味醂…少許
淡口醬油…少許
太白粉水…適量
壽司薑…適量

MEMO

做成厚度充足的高湯蛋捲。注意別煎太熟，才能展現出雞蛋的白色。

作法

1 將雞蛋打散，加入關東煮高湯（90cc）、味醂、淡口醬油拌勻。

2 用1的蛋汁做成蛋捲。

3 將高湯（90cc）加熱，倒入太白粉水勾芡。

4 2盛盤，澆淋3的羹湯。佐上薑片。

關東煮料 × 關東煮高湯！
份量滿點的炒飯

牛筋關東煮燴飯

780 日圓（未稅）

將關東煮的牛筋與關東煮高湯充分運用，成了本店才有的飯類料理。
先用平底鍋製作蛋炒飯，澆淋羹湯後再上桌。
羹湯以關東煮高湯打底，加入淡口醬油調味，並加入關東煮的牛筋，最後再以太白粉水勾芡。
以關東煮店來說，份量滿點的飯類料理雖然少見，卻頗受歡迎。

材料（1 盤份）

白飯…170g
蛋汁…1 顆份
沙拉油…適量
鹽…適量
胡椒…適量
蔥末…適量
牛筋（參照 P.23）…60g
關東煮高湯（參照 P.183）…適量
淡口醬油…適量
味醂…適量
砂糖…適量
太白粉水…適量
青蔥（蔥花）…適量

MEMO

因為最後是要做成燴飯，所以炒飯的翻炒次數要夠，讓飯粒粒分明。

作法

1 熱鍋，倒入大量沙拉油，接著倒入蛋汁和白飯以大火翻炒。加鹽、胡椒調味，接著加入蔥末。

2 將關東煮高湯、淡口醬油、味醂以 12：1：1 的比例，連同少許砂糖拌勻並稍微加熱，放入關東煮的牛筋，接著加入太白粉水勾芡。

3 將[1]的炒飯用飯碗盛裝後，倒扣於器皿。澆淋[2]，佐上青蔥。

人氣單品搭配組合後，稍作燉滷再上桌

牛筋蘿蔔 730 日圓（未稅）

將單點的人氣關東煮「牛筋」和「白蘿蔔」搭配組合成拼盤料理。
與其說是關東煮，會更像份量較少的燉物，淋上活用關東煮高湯製成的日式羹湯，看起來就是一道佳餚。
放入了比一人份再多一些的牛筋，客人也會覺得 CP 值很高。

牡蠣和昆布醬油的契合度極佳！
凝聚鮮味的湯汁亦是美味

牡蠣 880日圓（未稅）

冬天會出現的季節性料理。選用大顆的新鮮牡蠣，客人點餐後，將牡蠣用關東煮高湯和些許的酒加熱煮熟，撒上鴨兒芹、蔥、柚子皮即可上桌。碗中也盛裝了牡蠣充滿鮮味的湯汁，不少客人會連湯汁一同飲盡。建議可先直接品嘗牡蠣，再沾點羅臼昆布醬油（將羅臼昆布浸漬於調製醬油2～3天製成）享用。

用當季青蔬做成關東煮！
佐上山藥泥讓美味加分

賣點在於如秋葵般的口感，
以奶油及蔥味醬油展現層次

關東煮版「奶油馬鈴薯」，
蔥味醬油打造出和風滋味

茼蒿山藥泥 180 日圓（未稅）

把當季鮮蔬做成蔬菜版的關東煮，讓客人感受到多樣變化。客人點餐後，再將茼蒿以關東煮高湯煮熟，連同湯汁一起盛盤。加入山藥泥為口感增添變化，最後淋上自製蔥味醬油（參照 P.33），在風味上注入點綴。山藥泥和高湯相融後的美味亦是好評，色彩表現上也相當吸睛。

袖珍菇 580 日圓（未稅）

因為袖珍菇的口感很像鮑魚，所以日文又名為「あわび茸（鮑魚菇）」，在日本算是較少見的菇類，店內則是將其作成關東煮。先將袖珍菇用手縱向撕成大塊，以關東煮高湯稍微煮過。客人點餐後再開始料理，才能避免過度加熱出現苦味，影響口感。袖珍菇本身味道清淡，所以最後會擺上奶油，澆淋蔥味醬油後再上桌。

奶油十勝馬鈴薯 200 日圓（未稅）

以關東煮高湯煮到入味的馬鈴薯，搭配上奶油及蔥味醬油，呈現出既簡單卻又多層次的日式美味。選用五月皇后馬鈴薯，避免煮到軟爛。馬鈴薯削皮、汆燙後，以關東煮高湯稍作烹煮使其入味，便可先行存放。開店後放入關東煮鍋加溫，客人點餐後再撈取盛盤，佐上奶油及蔥味醬油即可上桌。

東京・六本木

OTOKO ODEN

男おでん

店家把關東煮裡，味道較淡（白蘿蔔等，照片右側）的食材與味道較重（漿丸類，照片左側）的食材分開擺放。漿丸類關東煮冷凍後會更入味，口感也會變更軟，所以這類食材會先冷凍，於供應當天再提前解凍使用。

『男おでん』的MODERN ODEN

● 關東煮單點：90 ～ 790 日圓（未稅）

原則上採單點式，也能依照人數請店家製作「男盛り」拼盤。白蘿蔔、雞蛋等基本的招牌關東煮約 20 種，另還會出現海帶芽、萵苣、番茄等不太一樣的食材，種類約莫 10 種，其他也會依季節、每天提供幾樣非固定的關東煮。

● 關東煮高湯：綜合高湯

店家以昆布打底，搭配多種柴魚片，製作出充滿鮮味的綜合高湯。以內含柴魚片、圓鰺、沙丁魚、昆布的獨創湯包煮出高湯後，再添加昆布濃縮粉和昆布鹽調味。也因為未添加醬油的關係，湯色看起來相當澄澈高雅。還能用來跟燒酎或日本酒混合（だし割り）品嘗，亦是美味。

店內菜單強打非常有獨創性的關東煮，還會附上照片，吸引客人點餐。

「只要用高湯煮過都能變成關東煮」不設限的點子讓客人充滿新鮮感

店鋪春夏季是專賣炸串物的『串かつ男』，秋冬則是專賣關東煮的『男おでん』，日本又將這種不同季節或時段提供不同料理的餐廳稱作「二毛作」型態餐飲店。老闆伊藤守先生曾在法式、日式、居酒屋等各類型餐飲店累積經驗，學習關東煮與炸串物後，於28歲獨立開業。剛開始先在出身地的名古屋經營關東煮店，接著將陣地移至東京惠比壽，並於2006年在東京六本木的現址開設炸串物專賣店。不過，考量炸串物在冬天的銷量稍嫌不足，便活用過往經驗，自3年起開始結合關東煮，轉型成目前的經營模式。伊藤先生表示，這樣不僅讓冬天營業額提升，自己也非常有成就感。

伊藤更認為「只要有好的高湯，任何東東西都能變成關東煮」，於是活用了自己各類型的餐飲經驗，結合上好的關東煮高湯與不設限的點子，提供客人獨特的關東煮料理。他認為一直吃相同的味道肯定會膩，於是積極嘗試起司、番茄、肉類等食材。甚至會想說「要做道任誰都沒看過的肉類關東煮」，於是從挑選素材就開始與肉鋪商量，開發出「帶骨里肌關東煮」。這道關東煮是將靠近背部的豬肋排用關東煮高湯慢火燉煮，單份料理接近300g，份量滿點。碗裡盛入大量湯汁，嘗起來就像是豚骨拉麵，完全顛覆關東煮的既有印象。深受女性歡迎的「酪梨關東煮 佐牽絲起司」則是將酪梨連皮入湯烹煮，大膽的視覺呈現與嶄新滋味成功引起熱烈討論。起司以關東煮高湯稍微加熱的「莫札瑞拉起司」雖然作法簡單，卻是關東煮專賣店前所未見的新構想。此外，還有每年2月至3月限定的「梅子油菜花關東煮」，搭配當季食材，積極營造出季節氛圍。

再者，伊藤先生是名古屋人，於是加入了充滿名古屋風味的味噌關東煮。關東煮雖然是以基本高湯烹煮入味，但也會另外提供以愛知岡崎紅味噌和基本高湯製成的味噌醬。當客人有需求時，就會澆淋味噌醬再上菜。淋上醇厚的甘甜味噌醬後，就能孕育出完全不同的美味，讓客人有更多選擇。

店內的「開胃菜」（300日圓）為落花生關東煮。先將生的落花生鹽水汆燙，再浸泡於關東煮鍋3～4小時。

東京、六本木巷弄內的店面。玻璃落地窗的開放式環境能讓人感受到店裡的熱鬧氛圍。

秋冬季節以『男おでん』之名開店營業時，靠近門口處會擺放關東煮鍋，吸引客人目光。老闆伊藤守本身擁有法式、日式等多種料理烹調經驗。

風格高雅的店鋪是由家居設計師森田恭通操刀內裝設計，裝潢時特別講究能讓關東煮更亮眼吸引人的照明。

SHOP DATA

<地址>東京都港区六本木7-10-4 福一ビル 1F
<電話> 03-3479-0094
<營業時間>午餐：週一～週五 11:30 ～ 14:00、晚餐：17:30 ～ 24:00
<店休日>週日　<規模> 14坪、28人
<預算>午餐：900日圓、晚餐：4000 ～ 4500日圓
< HP > http://www.marumo-inc.com/

口感柔軟、外型漂亮的白蘿蔔
名古屋風味的味噌關東煮也很受歡迎

白蘿蔔

230 日圓（未稅）

耗時精心處理，口感柔軟且形狀俐落的白蘿蔔關東煮。
白蘿蔔先用洗米水煮 3 小時後，放入關東煮鍋保溫 1 天，再於隔日供應客人。
客人可選擇要品嘗一般風味或名古屋的味噌風味，前者是將白蘿蔔加點關東煮高湯，於上面擺放細絲昆布，
後者則是淋上以紅味噌製成的味噌醬後，再撒點芝麻。

材料（7 盤份）

白蘿蔔…1 根
洗米水…適量
基本的關東煮高湯（參照 P.185）
…適量

＜上菜用（1 盤份）＞
味噌醬＊…40 cc
白芝麻…適量

MEMO

蘿蔔用洗米水煮過後，一定要先完全放涼，再加入熱高湯裡，這樣不僅能維持住形狀，還能充分入味。

一般的白蘿蔔關東煮則是擺放細絲昆布，並倒入關東煮高湯。

作法

>>> 準備作業

1 將白蘿蔔切成較厚（每塊 180g）的圓塊，削皮、修整邊角。

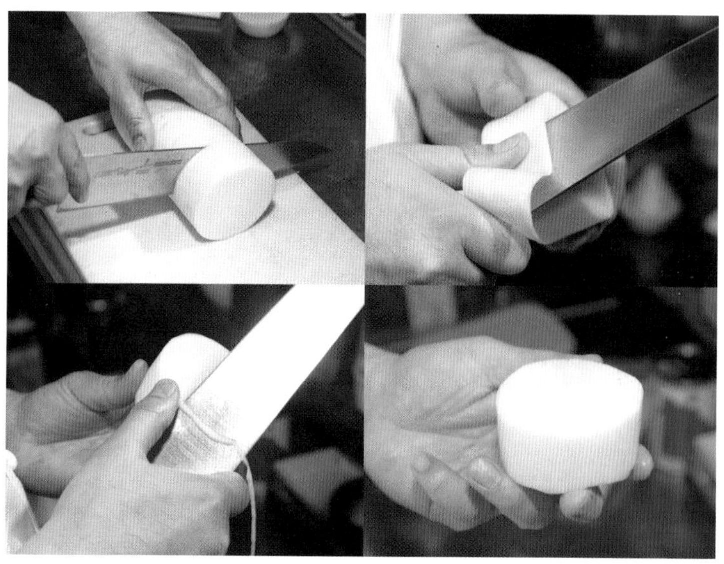

2 將洗米水倒入鍋中，放入1。以小火～中火的火候加熱，讓鍋中水能持續冒泡，烹煮約 3 小時，

3 熄火，立刻倒掉洗米水，將白蘿蔔放入冰水。大致降溫後，再放入冰箱冷藏，讓蘿蔔內部繼續降溫。

4 將3放入已裝有溫熱高湯的關東煮鍋，於營業時間內持續保溫。打烊後，將白蘿蔔撈起，移到其他容器，放入冷藏存放。

照片左是營業期間放在關東煮鍋中，相當入味的白蘿蔔。右邊則是剛汆燙完的白蘿蔔。

5 隔天，再將4放入已裝有溫熱高湯的關東煮鍋保溫。

關東煮鍋右側排列著已可供客人品嘗的白蘿蔔，左側則擺入了剛汆燙完的白蘿蔔。

>>> 上菜

6 將白蘿蔔盛盤，澆淋加熱過的味噌醬，再撒點白芝麻。

＊味噌醬

材料（1次烹煮量）

紅味噌（廠牌：まるや八丁味噌）…1kg
酒…1 ℓ
味醂…1 ℓ
基本的關東煮高湯（參照 P.185）…1 ℓ
雙目糖…300g

MEMO

味噌醬加熱後會變得太稀，所以常溫使用即可。味道有點類似田樂味噌又甜又鹹，但鹹味較淡。這款味噌醬基本上能與店內所有關東煮搭配品嘗。

作法

1 把酒、味醂倒入鍋中加熱，讓酒精完全蒸發。

2 加入基本關東煮高湯與紅味噌，以中火加熱溶解味噌。

3 味噌溶解後，加入雙目糖，再以小火烹煮1小時讓湯汁變濃稠。

透過番茄之力，打造西餐風味！
美味程度及份量都是魅力所在

番茄高湯風味高麗菜捲

680 日圓（未稅）

這裡的番茄風味高麗菜捲個個份量十足，感覺就像是西式餐廳裡的一道菜。
因為是可以大口品嘗到肉的關東煮，所以頗受男性客人喜愛。
高麗菜捲裡除了有綜合絞肉外，還有能充分結合內餡的食材，口感偏硬較有嚼勁。
醬汁則以等量的關東煮高湯和整粒番茄熬煮而成。

材料（1 次烹煮量、10 盤份）

<高麗菜捲內餡>
綜合絞肉（牛豬比 6：4）…500g
炒洋蔥（先以奶油炒成膏狀）…1.5 顆
生麵包粉…15g　牛奶…100 cc
全蛋…1 顆　鹽…適量
胡椒…少許　高麗菜…1 顆
番茄（水煮）…1 罐（400g）
基本的關東煮高湯（參照P.185）…400cc

<上菜用（1 盤份）>
高麗菜湯汁…100cc
關東煮高湯 B（參照 P.185）…100 cc
巴西利粉…適量

MEMO

建議可事先把生麵包粉浸泡在牛奶中。本店會於 1 天前先浸泡。

作法

>>> 準備作業

1 製作高麗菜捲內餡。將生麵包粉先進泡牛奶，連同綜合絞肉、雞蛋、炒洋蔥放入料理盆。

2 加點鹽、胡椒稍作調味，用手充分揉捏，放入冷藏靜置一晚。

MEMO

可將大小尺寸的高麗菜葉組合搭配，如此一來高麗菜捲較不會破掉，份量也相當十足。

3 挖掉高麗菜芯。挖口朝下，整顆放入滾燙熱水中汆燙 5 分鐘。

4 菜葉會由外側開始變軟，這時可一片片剝開並撈起菜葉。撈取外側較大及內側較小分別 10 片的菜葉即可，靠近芯的部分會用來做成員工餐。

5 削掉大片菜葉中間較厚的菜梗，讓葉片高度一致。小片的菜梗較粗，不易使用，因此直接切掉。

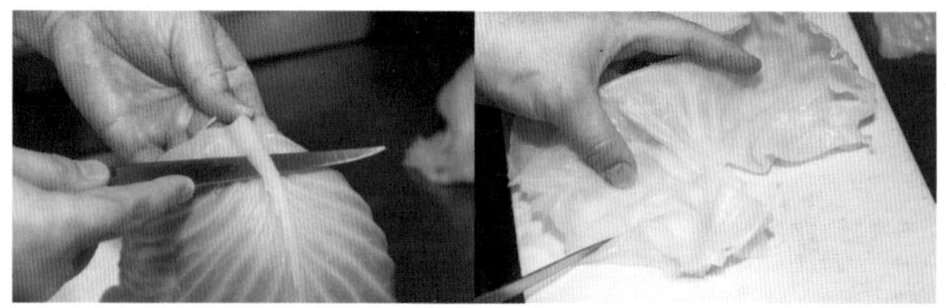

6 將2的內餡分成單顆重 80 ～ 90g，用雙手互拋排出空氣，塑整形狀。

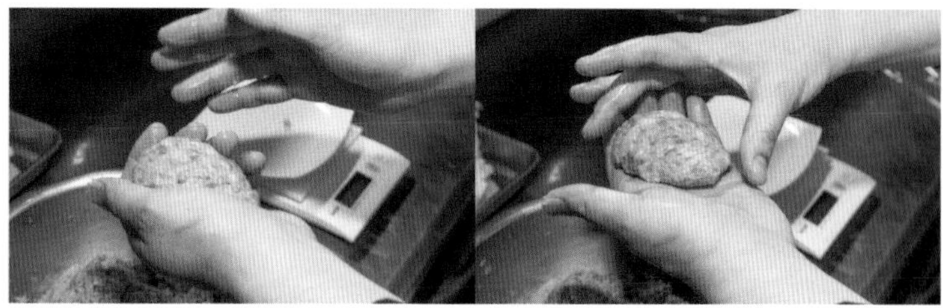

7 用5的小片菜葉捲起6的內餡。

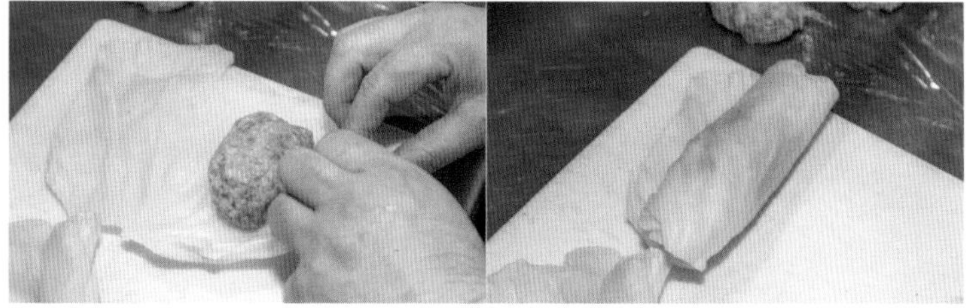

8 將⑦擺在大片菜葉上，從外側包覆捲起。

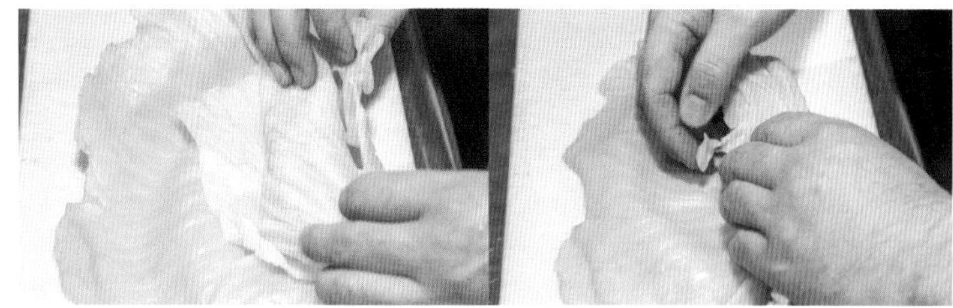

9 將⑧的兩邊往中間摺，捲起成圓柱形。再以牙籤固定。

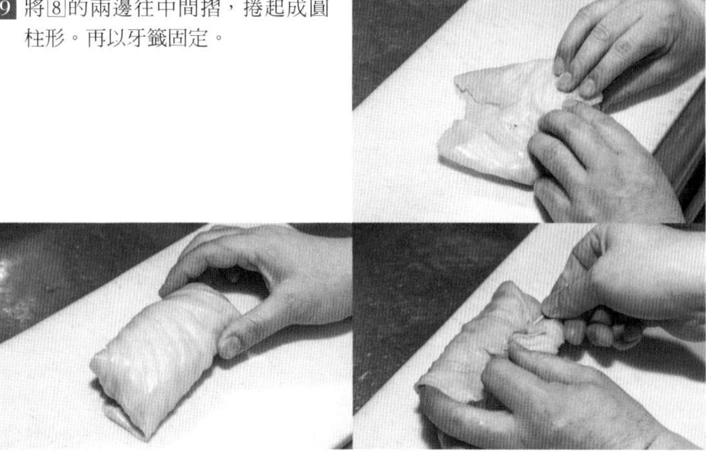

10 將⑨入鍋，加入水煮番茄、基本關東煮高湯。蓋上小鍋蓋烹煮 2 小時，移至容器冷藏存放。

>>> 上菜

11 將⑩的高麗菜捲和高麗菜湯汁放入小鍋子，加入關東煮高湯 B，加熱 7 分鐘。抽掉牙籤。

12 將⑪連同湯汁盛盤，切成三等分，撒點巴西利粉。

用檸檬增添清爽口感！
連湯汁都美味的肉類關東煮

總州古白雞腿肉

680 日圓（未稅）

以知名肉雞品牌的腿肉和檸檬搭配，打造出這道口感十足，風味卻相當清爽的肉類關東煮。
帶有雞肉鮮味的高湯就像在品嘗雞湯，滋味濃郁，頗受好評。
先將雞腿肉表面烤過，分切成小塊，客人點餐時再以關東煮高湯稍作烹煮，佐上檸檬便可上桌。
檸檬用炙燒噴槍將表面烤過，除了能保留住果汁酸味，不被湯汁吸收外，還能增添香氣。

材料（2 盤份）

雞腿肉…1 塊
沙拉油…適量
鹽…適量
胡椒…適量

<上菜用（1 盤份）>
關東煮高湯 B（參照 P.185）
…300cc
檸檬（圓片）…1 片
巴西利粉…適量

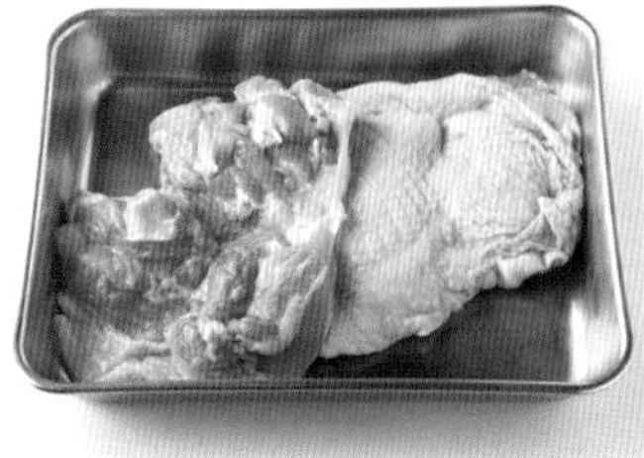

MEMO

由於事後還會放入關東煮高湯烹煮，所以烤雞腿肉時可以不用全熟。檸檬表面炙燒後不僅能增添香氣，也能提升鮮味。

作法

>>> 準備作業

1 煎烤盤抹沙拉油加熱。雞腿肉撒鹽、胡椒，先從肉那面開始煎，煎到變色後翻面，再將帶皮面煎到變色。中間可以不用全熟。

2 將1的雞腿肉稍微靜置，切成適口大小。分盤（約 6 ～ 7 塊），冷藏存放備用。

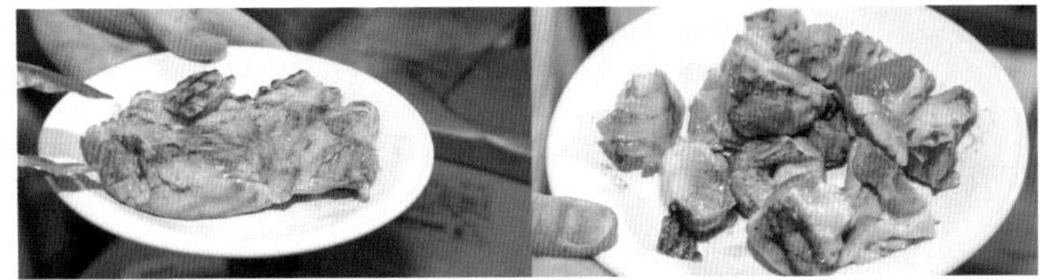

>>> 上菜

3 關東煮高湯 B 倒入小鍋子加熱，滾沸後轉小火，加入2的雞腿肉烹煮約 5 分鐘。

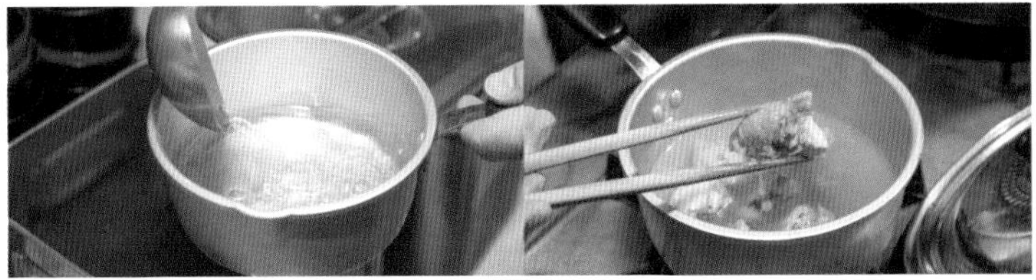

4 檸檬切片，用噴槍炙燒正反兩面。

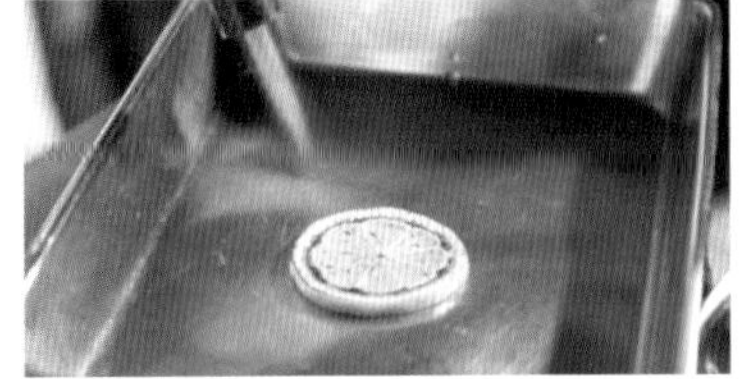

5 將3盛盤，佐上4的檸檬，再撒點巴西利粉。

帶骨厚切肉的視覺震撼！
湯汁有著豚骨拉麵的鮮味

帶骨里肌關東煮

790 日圓（未稅）

想要做道前所未見且充滿視覺震撼的肉類關東煮，於是店家跟肉鋪商量，才有了這道下重本又耗時的關東煮。將沒有多餘脂肪的帶骨豬肋排切成厚塊，先汆燙煮過後，再放入關東煮高湯燉煮入味。接著放入冷凍，讓肉質變軟，並於上菜前連同湯汁稍作加熱。如豚骨拉麵的湯汁鮮味亦是這道關東煮的魅力所在。

材料（1 次烹煮量、7 盤份）

豬肋排…2 kg（切 14 塊）
水…5 ℓ
酒…100cc
大蔥（蔥綠部分）…1 根
生薑（切片）…1 片
基本的關東煮高湯（參照 P.185）
…1.5 ℓ
水…300 cc
酒…100 cc
蒜泥…1 大匙

<上菜用（1 盤份）>
豬肋排…2 塊
湯汁…90cc
關東煮高湯 A（參照 P.185）
…90 cc
大蔥（蔥花）…適量

MEMO

剛開始汆燙時，一定要確實撈除浮沫，去除腥味，這樣連同最後的湯汁也會相當美味。

作法

>>> 準備作業

1 用刀子順著骨頭將豬肋排切開。

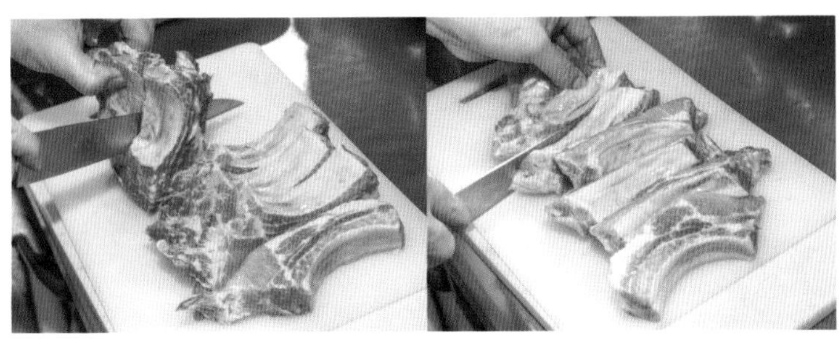

2 大鍋子裝水，放入大蔥、薑片、酒並加熱。

3 溫度變熱後就可加入1，煮到整個滾沸，撈掉浮沫，繼續汆燙 30 分鐘。

4 倒掉3的湯汁，水洗乾淨去除浮沫。放至料理盤，常溫放涼。

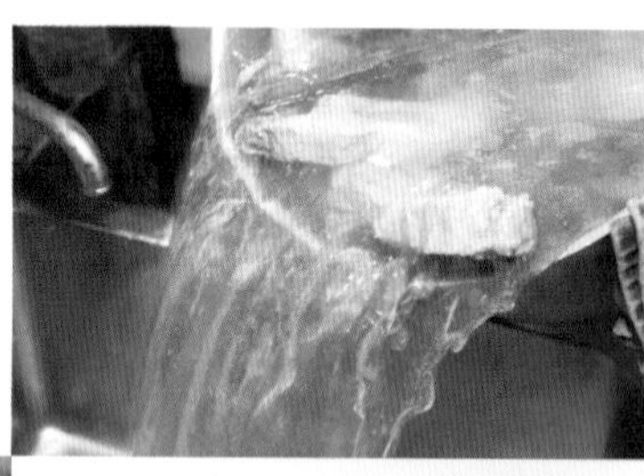

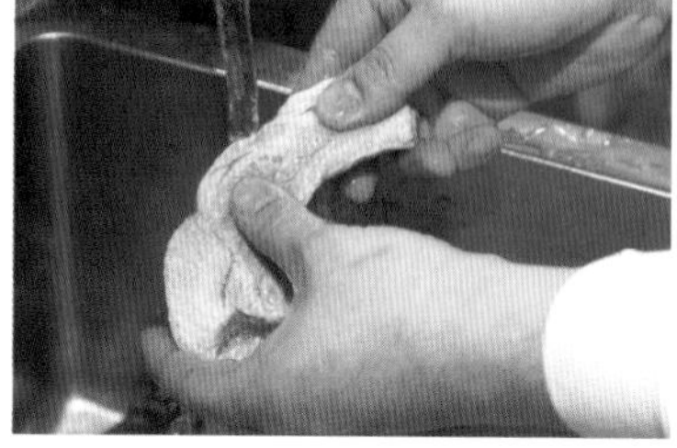

5 將4、基本關東煮高湯、水、酒倒入大鍋，加入蒜泥，蓋上小鍋蓋，燉煮 2 小時。

6 從5撈出豬肋排，過濾湯汁，分別冷凍保存。

>>> 上菜

7 6的豬肋排、湯汁解凍，放入小鍋子。

8 關東煮高湯 A 加入7，加熱 5 分鐘。

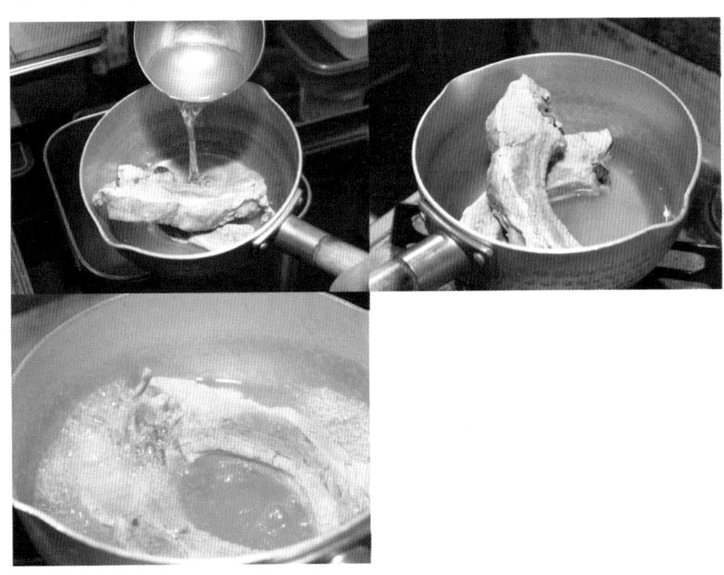

9 將8盛盤，撒上切成蔥花的大蔥。

酪梨和起司非常契合
入口即化的口感更是魅力所在

酪梨關東煮 佐牽絲起司

420 日圓（未稅）

將帶皮酪梨用高湯烹煮，擺上起司後，就成了一道非常有視覺效果的關東煮。
酪梨加熱後會變軟，入口即化。結合關東煮高湯與起司風味，和洋相容的美味深受女性客人好評。
酪梨要先浸鹽水去除澀味，客人點餐後再以小鍋子烹煮。

材料（1 盤份）

酪梨…1/2 顆
水…適量
鹽…適量
關東煮高湯 B（參照 P.185）
…300 cc
起司片…10g
萬能蔥…適量

MEMO

酪梨剝皮煮會變得軟爛，所以要連皮下鍋。就算是還沒全熟較硬的酪梨，煮過後也會變軟。

作法

>>> 準備作業

1 酪梨對切成半，去籽。用濃度 0.5% 的鹽水浸泡至少一晚，去除澀味。

>>> 上菜

2 用刀子將酪梨果肉直直劃一刀，接著再斜劃第二刀。

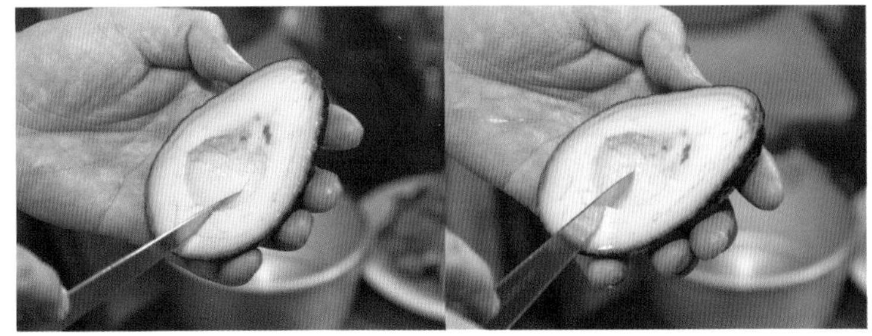

3 關東煮高湯 B 倒入小鍋子加熱。變熱後放入2，加熱 5 分鐘。

4 用器皿盛裝3，擺上起司。從上澆淋3的湯汁，撒點萬能蔥花。

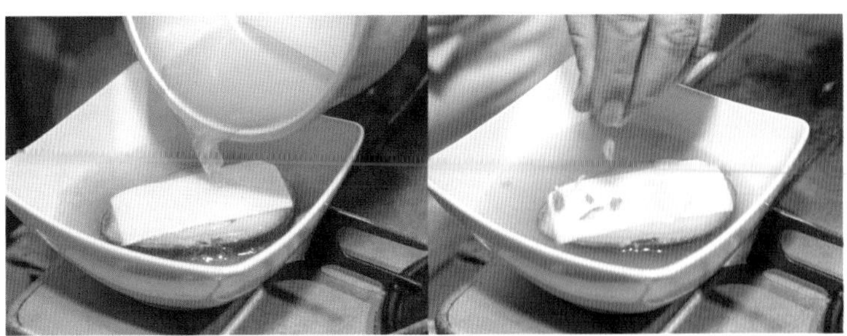

加上起司就是義式風味
番茄關東煮進化版！

番茄

480 日圓（未稅）

用關東煮高湯將汆燙去皮的番茄烹煮後，擺上起司片。
此靈感來自義式料理，將番茄與起司這兩種非常相搭的食材做組合。起司用噴槍炙燒變色後再上桌也是非常有趣的呈現方式。
番茄加熱後鮮味增加，鬆軟美味的口感，以及帶有石材鮮味的關東煮高湯皆頗受好評。

材料（1 盤份）

番茄…1 顆
基本的關東煮高湯（參照 P.185）
…200 cc
起司片…10g
巴西利粉…適量

MEMO

挑選尺寸較小、較硬的番茄，以免煮到軟爛。建議可挑選帶酸味的品種，加熱後會變得更美味。

作法

>>> 準備作業

1 汆燙去除番茄皮。用刀尖挖掉番茄蒂頭處，另一邊用刀子劃上十字。

2 把1放入滾水稍作汆燙，皮翻開後撈起，浸冷水冰鎮，剝掉番茄皮。

>>> 上菜

3 將2的番茄放入小鍋子，倒入基本關東煮高湯，蓋上鍋蓋，加熱 7 分鐘。

4 將3的番茄切成 4 等分，盛裝於容器。在番茄上擺起司，淋上3的湯汁。

5 在4撒上巴西利粉，以噴槍炙燒起司使其變色。

魅力之處在於爽脆口感
奶油還能增添層次

萵苣

450 日圓（未稅）

用關東煮高湯稍微烹煮萵苣，就是一道關東煮。一人份會使用 1/4 顆萵苣。
客人點餐後再用手撕開萵苣，接著放入關東煮鍋煮個 5 分鐘。
此烹調方式能充分發揮萵苣爽脆的口感，擺上奶油、撒點黑胡椒便可上桌。
奶油的層次感和黑胡椒的刺激風味能讓客人品嘗時不會覺得膩。
這道萵苣滋味清爽又有益健康，因此深受女性客人青睞。

材料（1 盤份）

萵苣…1/4 顆
基本的關東煮高湯（參照 P.185）
…300cc
奶油…20g
黑胡椒…適量

MEMO

客人點餐後再放入關東煮鍋加熱，才能保留口感，煮個 5 分鐘便可撈起，以免過熟。

作法

1 用手撕開萵苣，放入裝了基本高湯的關東煮鍋裡。

2 烹煮 5 分鐘便可撈起萵苣，盛裝於容器。擺上奶油，澆淋基本關東煮高湯。撒點黑胡椒便可上桌。

把春天的滋味變成關東煮！
梅子風味能展現獨特美味

梅子油菜花關東煮

480 日圓（未稅）

使用當季食材的季節性菜餚中，油菜花是每年 2 月中旬～ 3 月會出現的關東煮料理。將和歌山縣產的南高梅剁碎做搭配，油菜花的苦味及恰到好處的口感，加上梅肉清爽的酸味，成了一道能感受到春天氛圍的佳餚。油菜花煮太久會變苦，所以只需用浸漬的方式，以小火稍微加熱。最後再撒上大量柴魚片，增添風味。

材料（1 盤份）

油菜花…50g
基本的關東煮高湯（參照 P.185）
…300 cc
梅肉＊…不超過 1 小匙
柴魚片…適量

作法

1 基本關東煮高湯倒入小鍋子，加入梅肉使其化開。

2 油菜花切成適當長度，放入1的鍋中，以中火烹煮 7 ～ 8 分鐘。

3 將2盛裝於容器，撒上柴魚片。

＊梅肉

材料（17 盤份）

醃梅乾（和歌山縣產南高梅）
…200g

作法

1 梅乾去籽，剁成粗丁。

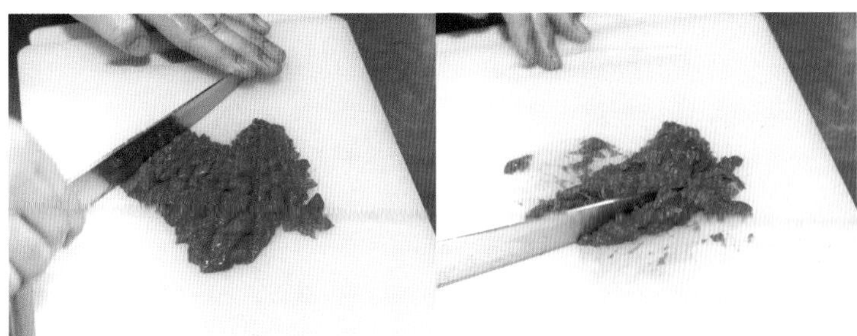

蘿蔔泥跟柚子醋
讓牡蠣關東煮的風味變清爽

牡蠣蘿蔔泥

580 日圓（未稅）

將由關東煮高湯熬煮完成、擁有豐富嚼勁的牡蠣，搭配著大量白蘿蔔泥佐柚子醋清爽地品嘗。
牡蠣採用生食等級食材，點單後才以關東煮高湯確實地煮透。
熬煮時用過的關東煮高湯因含有白色混濁浮沫而捨棄不用，新盛一碗關東煮高湯再盛裝上牡蠣。

材料（1 盤份）

牡蠣（生食等級）…3 ～ 4 顆
基本的關東煮高湯（參照 P.185）
…400 cc
蘿蔔泥（擠乾水分）…1 大匙
柚子醋…適量
萬能蔥…適量

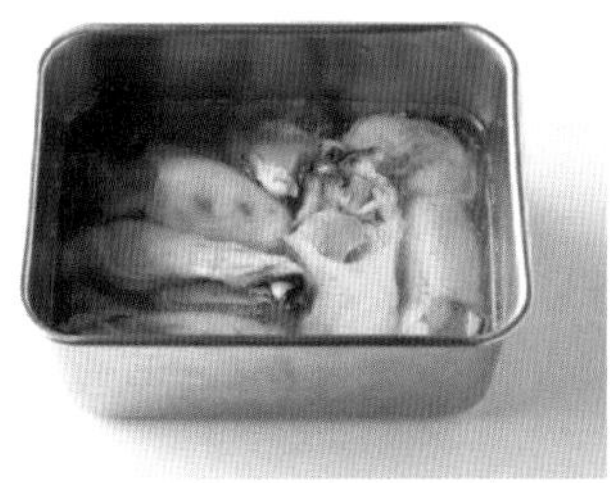

MEMO

直接水煮的話，牡蠣會變得水爛，無法 Q 彈。建議使用關東煮高湯，不要覺得浪費。

作法

1 基本關東煮高湯（300cc）倒入小鍋子加熱。滾沸時加入水洗過的牡蠣，烹煮 5 ～ 7 分鐘。

2 將1的牡蠣盛裝於容器，加入溫熱的基本關東煮高湯（100cc）。

3 在2擺上擠乾水分的蘿蔔泥，澆淋柚子醋，撒點萬能蔥花。

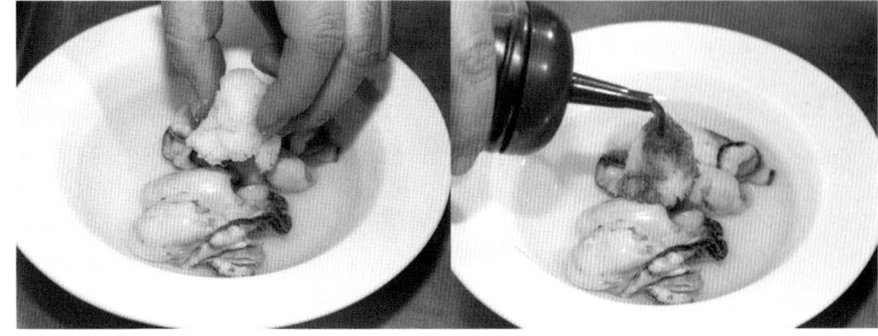

不曾見過的起司關東煮！
岩海苔讓美味加分

莫札瑞拉起司

400 日圓（未稅）

大膽地把莫札瑞拉起司做成關東煮。
Q 彈口感不僅讓人覺得有趣，起司鮮味滲入湯汁後的美味更深獲女性客人好評。
以小鍋子煮滾關東煮高湯，放入起司稍作烹煮。開始融化時便可連同湯汁盛盤，利用餘溫繼續加熱。
考量視覺與香氣表現後，佐以大量岩海苔便能上桌。

材料（1 盤份）

莫札瑞拉起司…50g
基本的關東煮高湯（參照 P.185）
…300 cc
岩海苔…適量

MEMO

除了莫札瑞拉起司，卡門貝爾起司跟關東煮也很相搭。

作法

1 將莫札瑞拉起司切成 3 等分。

2 基本關東煮高湯倒入小鍋子加熱，滾沸後放入1的起司，將起司稍微煮過。

3 起司連同湯汁盛裝於容器，擺上岩海苔。

東京・新橋

bistro uokin BON POTÉE

びすとろUOKIN ボン・ポテ

關東煮鍋內注入了琥珀色的澄澈法式清湯。內容物以高麗菜、白蘿蔔、番茄等蔬菜為主，營業期間也會放入牛舌或部分海鮮下鍋烹煮。

『ボン・ポテ』的 MODERN ODEN

● 關東煮單點：280 ～ 1180 日圓（未稅）

關東煮約 20 種，基本食材與季節性食材各半，包含了肉類、海鮮、蔬菜類，非常豐富。店內的另一項特色則是網羅多樣當季的海鮮食材，每種食材的份量差異甚大，因此價格設定從 200 多日圓起跳，甚至會超過 1000 日圓，客人能夠品嘗的食材類型也相對廣泛。

● 關東煮高湯：法式清湯

以耗時兩天製成的琥珀色特製法式清湯作為關東煮高湯。第一天會先以牛舌搭配雞腳、豬腳，取肉湯（Bouillon）湯底，第二天則會加入牛小腿絞肉、蛋白，熬煮出既澄澈，味道又有深度的法式清湯。這樣的關東煮高湯與所有肉類、根菜類、菇類非常相搭。

ボンポテ フレンチおでん
インカのめざめ ¥280
豚バラ ¥580
キャベツ ¥380
鴨ムネ肉 ¥580
レンコン ¥380
牛タン ¥1180～
玉子 ¥280
牛すじ ¥480
大根 ¥380
真鯛のヴァプール ¥480
白菜とベビーホタテ ¥380
トリュフオムレツ ¥780
季節のボンポテ
フォアグラ大根 ¥980
ヤゲンなんこつ ¥480
タマネギ ¥280
かぼちゃ ¥380
きのこ ¥480
牡蠣 2ヶ ¥380
サザエ 3ヶ ¥680
かぶ ¥380
イワシ ¥480
ヤリイカ ¥480
ロールキャベツ ¥680
トマト ¥480

使用大量蓮藕、白蘿蔔等日式食材。將法式調理技術與醬汁結合打造出來的美味，為的就是讓客人能盡情享用。

當季食材＋法式料理技法
孕育出獨特的西洋風味關東煮

『びすとろ UOKIN　ボン・ポテ』是以東京新橋為聚集中心，旗下擁有多數人氣居酒屋、餐酒館、酒吧、日式料理店的魚金集團在 2013 年 12 月開幕的店鋪。為了做出區隔化，該店標榜「法式風味關東煮」，開發了自己獨創的關東煮。店名裡的「ボン・ポテ」是法文，「ボン」（bon）是指好的，「ポテ」（potée）則是一種法式家庭燉煮料理。一般而言，「ポテ」（potée）是以豬肉、高麗菜、馬鈴薯燉煮而成，有點類似法式蔬菜燉肉（pot au feu），但店家把這道料理分解，加入自己獨到的見解，打造成與日本關東煮相仿的原創料理。

開業後也持續為店內的關東煮注入變化。開店之初基本上都是提供肉與蔬菜的關東煮拼盤，並附上 3 種醬料，讓客人享受味道的變化。但後來開始改成單品料理，並改變調味，擺盤上也更講究視覺效果。此外，為了追求更高層次的美味，店內將原本以肉類為基底烹煮而成的西式風味關東煮高湯，換成了耗時的正統法式清湯，並為每種關東煮準備合適的醬汁，讓料理呈現型態更高雅。醬汁則是結合了法式酸辣醬（sauce ravigote）、牛肝菌菇醬等法式、義式元素，多元的精心巧思讓客人隨時都有新鮮感。

基本和季節性關東煮合計約 20 種，除了有關東煮高湯基底也可見的招牌牛舌外，還提供了豬五花、鴨肉等多種肉類，以及高麗菜、白蘿蔔等 10 種蔬菜關東煮。店家更打出「季節 potée」（蔬菜燉物），從築地進貨蠑螺、牡蠣、沙丁魚等約 10 種季節性的海鮮和蔬菜，讓客人能品嘗到當季的新鮮滋味。然而，大多數的海鮮跟法式清湯並不搭，因此店家還會另外燉煮魚高湯（fumet de poisson）。

除了關東煮料理，店內還可以品嘗到魚金集團知名的鮮魚冷拼盤、法式前菜與其他肉類料理。此外，酒精類飲料則提供為數眾多的葡萄酒及日本酒，客人可依照自己喜好，挑選並享受能與關東煮相契合的酒類。

店內一樓主要是吧檯座位，二樓則是餐桌座位。整體氛圍寬敞舒適，也很受女性團客歡迎。

店鋪是以屋齡60年以上的古民家改裝而成，為兩層樓的獨棟建築。能夠享受到「獨到風情」與「餐酒館」之間的反差。

店鋪入口附近的吧檯設有很大的關東煮鍋，吸引客人入店時的目光。客人點餐後會從鍋中撈起關東煮，搭配醬料再上桌。

SHOP DATA

<地址>東京都港区新橋 4-6-5 1・2F
<電話> 03-5408-9412
<營業時間>週一～週五：17:00 ～ 23:30、週六、週日、國定假日：16:00 ～ 23:00　<店休日>無休
<規模> 16 坪、38 人　<預算> 3500 ～ 4000 日圓
< HP > http://www.uokingroup.jp/

與法式醬汁一同獻上
厚實卻軟嫩的牛舌

牛舌 佐酸辣醬

1180～（未稅）

長時間慢火熬煮的軟嫩牛舌切成厚塊，希望讓客人們留下深刻印象。
以當初燉煮牛舌的清湯加熱牛舌，淋上醬汁後，就像是一道高雅的法國料理。
客人可選擇加了柚子皮，充滿香氣且帶點日式感的清爽法式酸辣醬，或是濃郁的多蜜醬。

材料（1 盤份）

牛舌（參照 P.187）…120g
法式清湯（參照 P.189）…30 cc
佐酸辣醬＊…50g
萬能蔥（蔥花）…適量
柚子胡椒…5g

MEMO

取靠近舌根 2/3 範圍口感較軟的牛舌作成關東煮。靠近舌尖 1/3 處則用於其他料理上。

作法

>>> 準備作業

1 把燉煮法式清湯時所使用的牛舌剝皮，切塊，每塊約 120g。

>>> 上菜

2 將1與法式清湯（份量外）放入小鍋子，以小火稍作加熱。

3 將2的牛舌盛盤，擺上法式酸辣醬，倒入加熱過的法式清湯，再撒點萬能蔥，並佐上柚子胡椒。

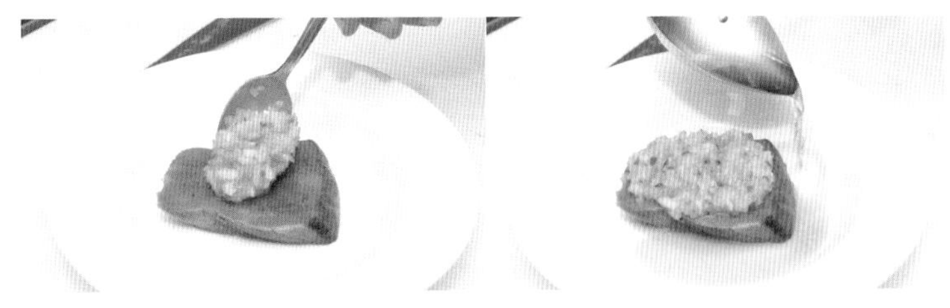

＊佐酸辣醬

材料（1 次烹煮量、20 盤份）

洋蔥…1 顆　醃黃瓜醬…150g
柚子皮…20g　蜂蜜…20g
白酒醋…70 cc
頂級初榨橄欖油…100 cc
鹽…適量　胡椒…適量

作法

1 洋蔥切丁泡水後徹底擰乾。醃黃瓜醬、柚子皮同樣切丁備用。

2 將1放入料理盆，加入蜂蜜、白酒醋、橄欖油、鹽、胡椒，充分拌勻使其乳化。

用香料打造異國風，
結合味噌、醬油提味

香料風味牛筋

480 日圓（未稅）

以紅酒為基底，添加了孜然、咖哩粉香料，搖身一變就是異國料理風味。
同時添加味噌、醬油、黑砂糖提味，讓風味呈現上更有深度，與日式元素的契合度也會更高。
牛筋汆燙後，放入以紅酒為主的汁液中，燉煮到入口即化般的柔軟程度。客人點餐後再淋上法式清湯，撒點孜然便可上桌。

材料（1 盤份）

滷牛筋＊…80g
法式清湯（參照 P.189）…30 cc
孜然…少許
平葉香芹…適量

作法

1 客人點餐後再將滷牛筋放入小鍋子加熱。

2 將1盛盤，倒入溫熱的法式清湯，撒上孜然，以平葉香芹裝飾。

＊滷牛筋

材料（1 次烹煮量、25 盤份）

牛筋…4 kg
紅酒…300cc　酒…200g
味醂…100g
濃口醬油…50g
味噌…40g　黑砂糖…100g
孜然…7g
咖哩粉…1g
紅辣椒…2 根

作法

1 汆燙牛筋。

2 將1汆燙好的牛筋、紅酒、酒、味醂、濃口醬油、味噌、黑砂糖、孜然、咖哩粉、紅辣椒放入鍋中，以小火燉煮 2 小時。

用和白蘿蔔絕配的肥肝，以及帶有松露的醬汁，
營造出高級感

肥肝蘿蔔 佐佩里克醬

980 日圓（未稅）

清淡柔軟的白蘿蔔，配上滋味濃郁表面煎到焦脆的肥肝，兩者無論在風味或口感上都是絕配。
白蘿蔔先以法式清湯燉煮備用，客人點餐後再將肥肝煎過擺放其上，並澆淋醬汁。這裡選用了與肥肝相搭的法式佩里克醬。
最後放點高檔食材松露裝飾，讓客人充分感受到香氣表現與奢華感。

材料（1盤份）

肥肝…80g
白蘿蔔…1/10 根
低筋麵粉…適量
無鹽奶油…3g
佩里克醬基底＊…20cc
松露（剁碎）…1g
無鹽奶油（醬汁用）…5g
法式清湯（參照 P.189）…30 cc
平葉香芹…適量

MEMO

肥肝油脂含量高，處理時要把表面煎到酥脆，逼出多餘油分。這次的佩里克醬除了使用甜味酒，還加了馬德拉酒等其他會甜的酒類。

作法

>>> 準備作業

1 白蘿蔔切成圓塊，削皮、修整邊角後，上下兩面都畫入十字刀痕。

2 將1汆燙，倒掉熱水後，再以法式清湯（份量外）慢火燉煮 3 小時，接著再放入關東煮鍋保溫。

>>> 上菜

3 肥肝裹上低筋麵粉。奶油放入平底鍋加熱融化，放入肥肝以中火熱煎，煎到表面帶焦色，還要吸掉多餘的油脂。接著放入 200℃烤箱加熱 2 ～ 3 分鐘，充分加熱至內部。

4 處理佩里克醬。取佩里克醬基底，倒入小鍋子，加入剁碎的松露加熱，再放入奶油使其融化。

5 用容器盛裝2的白蘿蔔，擺上3的肥肝。澆淋4的醬汁，再倒入加熱過的法式清湯，最後擺上平葉香芹裝飾。

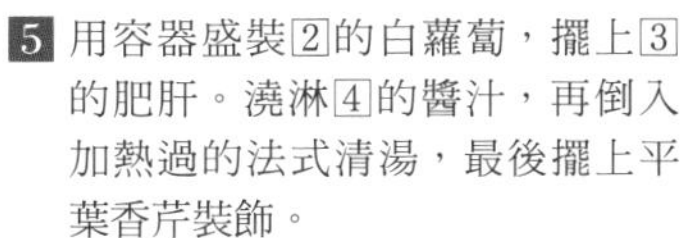

＊佩里克醬基底

材料（1 次烹煮量、40 盤份）

甜味酒…1800 cc
紅酒…600 cc
小牛高湯（fond de veau）…800g
濃縮牛肉精華（glace de viande）
…200g

作法

1 將甜味酒與紅酒倒入鍋中，煮到水分收剩 1/3。

2 在1加入小牛高湯，煮到水分收剩一半，再加入濃縮牛肉精華。

牛肝菌菇的香氣十足
做成濃郁醬汁能更增添魅力

白蘿蔔 佐牛肝菌菇醬

380 日圓（未稅）

以法式清湯烹煮過的白蘿蔔，搭配上牛肝菌菇醬，就是一道西式風味關東煮。
牛肝菌菇醬是以白醬為基底，並加入以水泡開的乾燥牛肝菌菇和大量的泡菇水拌製而成。
這樣的醬汁香氣十足，口感濃郁，與法式清湯口味的白蘿蔔更是契合。
把醬汁澆淋在白蘿蔔上，再加入法式清湯，就能美味上桌。

材料（1 盤份）

白蘿蔔…1/10 根
牛肝菌菇醬＊…30 cc
法式清湯（參照 P.189）…30 cc
平葉香芹…適量

MEMO

在白蘿蔔畫刀痕，會較容易入味。白蘿蔔基本上都會放在關東煮鍋 2 天左右，為了避免化開變形，要記得修整邊角。

作法

>>> 準備作業

1 白蘿蔔切成圓塊，削皮、修整邊角後，上下兩面都畫入十字刀痕。

2 將1汆燙，倒掉熱水後，再以法式清湯（份量外）慢火燉煮 3 小時，接著再放入關東煮鍋保溫。

>>> 上菜

3 用容器盛裝2的白蘿蔔，倒入另外加熱好的牛肝菌菇醬，再加入溫熱的法式清湯，擺上平葉香芹裝飾。

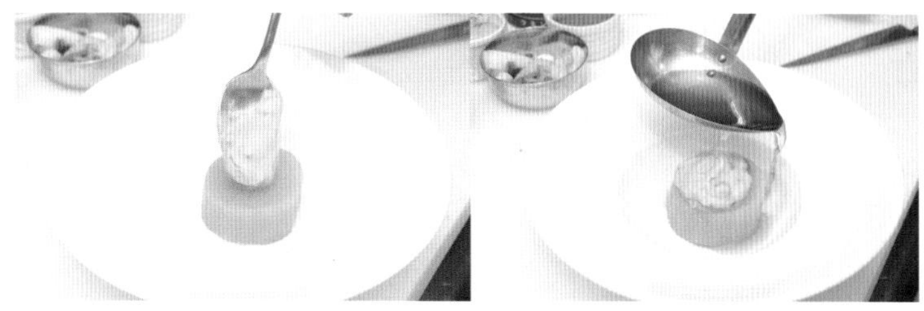

＊牛肝菌菇醬

材料（1 次烹煮量、50 盤份）

乾燥牛肝菌菇…5g
水…500g
白醬（材料為奶油、麵粉、牛奶）
…1 kg
鹽…適量
胡椒…適量

作法

1 乾燥牛肝菌菇浸水一晚泡開。

2 將1的泡菇水小鍋子加熱，煮到收剩 1/5。牛肝菌菇剁碎。

3 白醬裡加入2的湯汁，以小火加熱攪拌。稍微收汁後，再加入2的牛肝菌菇拌勻，撒鹽、胡椒調味。

海膽奶油的奢華風味
高級版「奶油馬鈴薯」

印加覺醒 佐海膽奶油醬

280 日圓（未稅）

在甜味強烈、口感帶黏性的馬鈴薯「印加覺醒」（インカのめざめ），擺上海膽與奶油拌製而成的海膽奶油後，供客人品嘗。非常有人氣的知名品種馬鈴薯，搭配上高檔的海膽，呈現出令人印象深刻的濃郁滋味，滿足客人味蕾。馬鈴薯直接連皮以法式清湯烹煮後，再放入關東煮鍋保溫加熱。

材料（1 盤份）

馬鈴薯（印加覺醒）…80g
法式清湯（參照 P.189）…30 cc
葛宏德鹽…少許
海膽奶油＊…5g

MEMO

「印加覺醒」黏度高，烹煮後不易鬆垮。在店內會連皮放入關東煮鍋保溫加熱。

作法

>>> 準備作業

1 將帶皮馬鈴薯放入法式清湯（份量外）烹煮 30 分鐘後，繼續放入關東煮鍋保溫加熱。

>>> 上菜

2 將1的馬鈴薯切半，盛裝於容器。倒入溫熱過的法式清湯，撒葛宏德鹽，再擺上海膽奶油。

＊海膽奶油

材料

無鹽奶油和海膽的調製比例為 2：1。

作法

1 將海膽用食物調理機打成膏狀。

2 1與奶油充分拌勻。

真鯛配上海鮮
鮮味強烈的白醬

蒸真鯛
佐魚湯・青海苔白醬

480 日圓（未稅）

真鯛會放入跟海鮮非常相搭的魚高湯（fumet de poisson）蒸煮變熟。
客人點餐後再以小鍋子加熱，帶有真鯛鮮味的蒸湯加入鮮奶油和奶油便可做成醬汁。
醬汁裡更放了青海苔增添香氣，最後澆淋在真鯛上便可供客人享用。
魚肉軟嫩的美味、醬汁濃郁的鮮味，還有結合青海苔的日式元素都深獲好評。

材料（1 盤份）

真鯛（魚塊）…60g
魚高湯＊…50cc
鮮奶油…30 cc
青海苔…20g
無鹽奶油…3g
平葉香芹…適量

作法

>>> 準備作業

1 以三片切法處理真鯛後，切成每塊 60g 重。

>>> 上菜

2 以小鍋子加熱魚高湯，放入1，以小火蒸煮，待魚肉變熟即可取出。

3 製作魚湯 · 青海苔白醬。在2的小鍋子加入鮮奶油，以小火加熱至稍微收汁。放入青海苔繼續加熱，最後加入奶油使其融化。

4 將2的真鯛盛放容器，澆淋3的醬汁，擺上平葉香芹裝飾。

＊魚高湯

材料（1 次烹煮量）

魚雜碎…3 kg　洋蔥…1 kg
胡蘿蔔…500g　芹菜…300g
水…適量
月桂葉…2 片
白胡椒粒…適量

作法

1 洋蔥、胡蘿蔔、芹菜切細片後拌炒。

2 魚雜碎去血水後，加入1拌炒。

3 在2加水、月桂葉、白胡椒粒，烹煮 30 分鐘，過濾後即可使用。

乾煎後佐醬上桌
把當季的小卷做成關東煮

小卷 佐煙花女麵醬

280 日圓（未稅）

使用從築地進貨的當季海鮮，為客人獻上冬季限定關東煮。小卷乾煎變熟後，淋上煙花女麵醬便可上桌。
煙花女麵醬（Puttanesca）是以番茄為基底，可以品嘗到鯷魚、橄欖、大蒜滋味的義式醬料，
帶深度的刺激性風味能更加襯托出小卷的鮮度。

材料（1 盤份）

小卷…1 ～ 1.5 隻
鹽…適量
白胡椒…適量
純橄欖油…適量
煙花女麵醬＊…1 大匙
法式清湯（參照 P.189）…30 cc
萬能蔥（蔥花）…適量

作法

1 小卷清理乾淨後切成圓塊。

2 撒鹽、白胡椒，平底鍋倒入純橄欖油，放入1乾煎。

3 將2盛盤，淋上煙花女麵醬。倒入溫熱的法式清湯，撒點萬能蔥。

＊煙花女麵醬

材料（1 次烹煮量、8 盤份）

油漬鯷魚菲力…1 塊
大蒜…5g　酸豆…10 粒
橄欖醬…10g
番茄醬
（將整顆番茄以食物調理機打碎）…100g
頂級初榨橄欖油…30 cc　鹽…適量

作法

1 用橄欖油烹炒切成碎末的鯷魚菲力、大蒜，再與其他材料混合。

能襯托出貝類美味的
萬能蒜香奶油！

蒜香奶油風味烤蠑螺

680 日圓（未稅）

在帶殼蠑螺擺上蒜香奶油後，進烤箱烘烤，盤中加入法式清湯即可上桌。
鮮度十足的蠑螺搭配上蒜香奶油、法式清湯這類特別講究的調味料與湯汁，滿足客人的味蕾。
蒜香奶油的特徵在於明顯的香氣和濃郁的鮮味，常出現在田螺等法式料理中。

材料（1盤份）

蠑螺（大）…3 顆
水…適量
蒜香奶油＊…10g
法式清湯（參照 P.189）…30 cc

作法

1 蠑螺放入小鍋子加水稍微煮過。

2 將螺肉取出，清理乾淨，切成適口大小後，再塞回殼內。

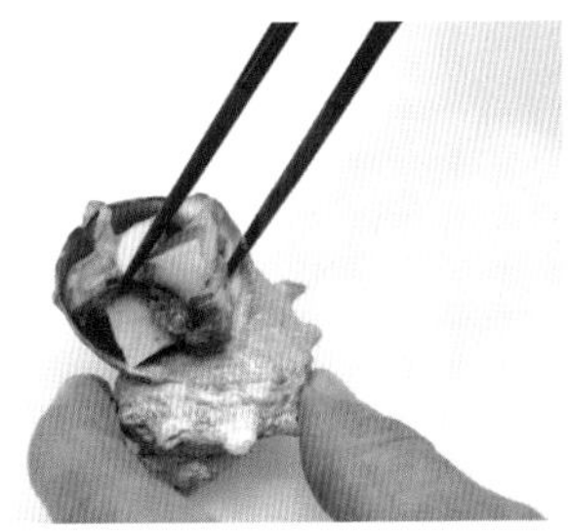

3 將蒜香奶油擺上2，以 200℃烤箱烘烤 5 分鐘。

4 將3盛盤，倒入溫熱的法式清湯。

MEMO

蠑螺要先汆燙，並將螺肉切成小塊，放回殼內鋪上奶油後再烘烤，這樣客人會比較方便品嘗。尾巴會苦的部分（螺肝）原則上要先切除。

＊蒜香奶油

材料（1 次烹煮量、40 盤份）

有鹽奶油…1　　（約 450g）
大蒜…40g
紅蔥頭…60g
巴西利…30g
杏仁粉…50g
乾麵包粉…50g
白胡椒…5g

作法

1 將大蒜、紅蔥頭、巴西利剁碎，與其他材料充分拌勻。

與牡蠣非常契合的味噌變成提味元素
醇厚醬汁能增添層次感

法式清湯牡蠣 佐荷蘭醬

380 日圓（未稅）

先將牡蠣以魚高湯烹煮變熟，鎖住鮮味。接著淋上荷蘭醬，再以噴槍炙燒表面，增添風味。
荷蘭醬以奶油、蛋黃、檸檬汁製成，是充滿層次又帶酸味的法式醬汁。
裡頭更添加了與牡蠣相搭的味噌，呈現出濃郁鮮味。倒入關東煮高湯的法式清湯後便可上桌。

材料（1 盤份）

牡蠣（去殼）…2 顆
魚高湯（參照 P.87）…適量
味噌荷蘭醬＊…30g
法式清湯（參照 P.189）…30 cc
平葉香芹…適量

MEMO

牡蠣汆燙後會縮水，考量料理的吸睛度與口感，建議選用大顆牡蠣。內部雖然要煮熟，但也不要煮太硬，熟度適中，保留牡蠣的軟嫩。

作法

1 把魚高湯放入小鍋子煮沸，加入牡蠣稍微煮過，將內部煮熟。

2 牡蠣盛盤，淋上味噌荷蘭醬，以噴槍炙燒。

3 於[2]加入溫熱的法式清湯，擺上平葉香芹裝飾。

＊味噌荷蘭醬

材料（1 次烹煮量、30 盤份）

蛋黃…4 顆
味噌…50g
美乃滋…400g
水…少許
澄清奶油…30g
檸檬…1/8 顆

作法

1 將蛋黃與味噌、美乃滋、水放入容器隔水加熱，邊以打蛋器攪拌。

2 少量逐次將澄清奶油加入[1]拌勻，變稠時就可以擠入檸檬汁。

濃郁醬汁與紅酒十分契合
牛舌關東煮變化版

牛舌 佐多蜜醬 1180日圓～（未稅）

「牛舌」關東煮的變化菜單，靈感來自燉牛舌。濃郁的多蜜醬非常適合搭配紅酒。
佐上馬鈴薯泥，撒點黑胡椒粗粒便可上桌。這道料理在冬天很受歡迎，份量十足，因此男性的點餐率較高。
P.76介紹的「牛舌 佐酸辣醬」口味清爽，夏天尤其深受女性青睞，這道料理則是較適合與白酒搭配。

牛肝菌菇醬的美味！
爽脆口感也很受歡迎

蓮藕 佐牛肝菌菇白醬 380日圓（未稅）

秋冬季節限定關東煮。富含膳食纖維及口感的「蓮藕」是為了女性推出的品項。
蓮藕汆燙後，再以法式清湯煮過，接著放入關東煮鍋保溫加熱。
上桌時會佐上濃郁的牛肝菌菇醬。使用的醬汁是取泡菇水加法式清湯，再拌入少量的白醬和奶油製成。

古岡左拉起司製成的醬汁
更加襯托出南瓜的甜

南瓜 佐古岡左拉起司白醬 380 日圓（未稅）

這算是採用秋冬當季食材作為關東煮的範例之一。
將南瓜切成 4 分之 1 並汆燙備用，客人點餐時再以法式清湯加熱。
古岡左拉起司白醬是以古岡左拉起司、鮮奶油、奶油製成，
不僅充滿奶香，還能更加襯托出南瓜的甜味，撒上核桃，讓客人享受其中的口感。

鮭魚和清爽酸辣醬十分契合

熱煎挪威極光鮭魚 佐酸辣醬 980日圓（未稅）

秋冬季節的海鮮關東煮之一。使用重量達180g，份量滿分的挪威產鮭魚。
客人點餐後再將鮭魚用橄欖油煎到魚皮酥脆，魚肉鬆軟，佐上柚子風味的酸辣醬，加入溫熱的法式清湯便能上桌。
清爽的酸辣醬能讓鮭魚變得更鮮甜。

將契合度絕佳的「鴨肉蔥」
做成法式清湯風味關東煮

配上松露美乃滋的
法式風味雞蛋關東煮

鴨胸肉 佐煎香蔥 580日圓（未稅）

以鴨肉與大蔥兩種相搭食材做成的「鴨肉蔥」在店內搖身一變成了關東煮。
客人點餐後，先以法式清湯加熱鴨胸肉，連同湯汁盛盤。佐上煎到香氣四溢的大蔥便可上桌。
鴨胸肉質容易變硬，調理時記得只需像涮涮鍋一樣稍微用法式清湯加熱，才能保持軟嫩口感。

雞蛋 佐松露美乃滋 280日圓（未稅）

配上加了芳香松露，充滿高級感的美乃滋，品嘗雞蛋關東煮。
雞蛋與美乃滋、松露與雞蛋分別擁有絕佳的契合度，品嘗一口，複雜鮮味和芳醇香氣就會在嘴巴擴散開來。
雞蛋要先汆燙剝殼，再以法式清湯煮過。可愛的呈現方式也獲得客人好評，不少人都會點來作為前菜享用。

高麗菜 蒜香培根醬 佐魩仔魚 380日圓（未稅）

以法式清湯煮過，味道柔和的高麗菜，配上用油漬鯷魚、大蒜、培根製成，會讓人上癮的醬汁，
再佐以大量魩仔魚增添口感，使得這道料理成了非常有人氣的下酒菜。
每盤會使用 1/6 顆高麗菜，以法式清湯燉煮切好的高麗菜 30 分鐘，將菜芯煮軟，加入法式高湯即可上桌。

KUREYA

大阪・四ツ橋

蛸焼とおでん くれ屋

先後在大阪京橋的章魚燒居酒屋『立地マン』以及 SASAYA 旗下的炭燒料理及義大利麵店『やまや』（大阪、曾根崎）累積經驗的吳屋良介先生。2013 年 10 月起赴任『くれ屋』的老闆。

關東煮鍋分成四個區塊，隨時備有 11 種關東煮。容易散開的牛筋和容易煮爛的馬鈴薯會另外擺放，鍋子前半段放入大量點菜率較高的白蘿蔔與油豆腐。

『くれ屋』的 MODERN ODEN

● 關東煮單點：150 ～ 450 日圓（未稅）

基本關東煮共 18 種。「食材變化太大反而會讓客人無法意識到這是間關東煮店」，因此店家除了精心烹煮白蘿蔔、雞蛋、油豆腐、馬鈴薯等招牌關東煮食材，更推出 5 種手工漿丸類關東煮作為店內名物。其他如「酪梨天婦羅～西洋芥末～」、「沙丁魚萵苣」創意關東煮也都非常具魅力。

● 關東煮高湯：海瓜子高湯

將海瓜子高湯澆淋在帶有柴魚高湯、昆布、雞骨湯味道的關東煮食材，是『くれ屋』獨到的搭配方式。海瓜子特有的滋味讓客人紛紛表示「喝酒之後也會想品嘗享用」。「貝殼掀開當下氣味最香最美味」，於是店家將其作成現煮的「佐味高湯」，同時能享受海瓜子肉。

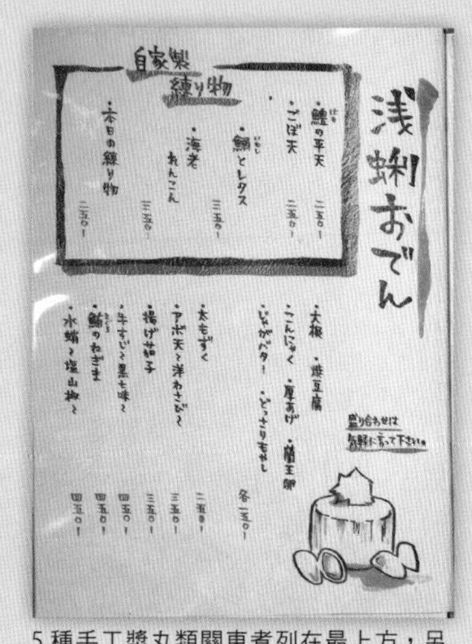

5 種手工漿丸類關東煮列在最上方，另也提供 6 種基本關東煮和 7 種特殊關東煮，偶爾還會推出季節性關東煮。

關東煮淋上「海瓜子高湯」
獨一無二的滋味充滿魅力

『くれ屋』是在大阪經營各類餐飲店的 SASAYA 集團首次跨足章魚燒及關東煮的店鋪。該店是由曾在章魚燒居酒屋修業的吳屋良介先生領頭，於 2013 年 10 月開業，主打章魚燒及關東煮料理。店家考量烹調效率，於是將「海瓜子高湯」，用來搭配帶有柴魚高湯、昆布、雞骨湯味道的關東煮食材，為客人獻上「海瓜子高湯關東煮」。店內不僅有熱銷的「白蘿蔔」、「蘭王蛋」、「油豆腐」關東煮，還有客人點餐後再以關東煮高湯加熱的「水章魚～鹽味山椒～」、「加量豆芽菜」，以及炸好後再淋上「佐味高湯」的「酪梨天婦羅～西洋芥末～」和「炸茄子」等創意料理，強調自我風格。吳屋先生更表示「講究手工製作」，因此 5 種漿丸類關東煮也是該店的招牌菜。除了這次書中介紹的 4 種，還會加上「雞軟骨＆綠紫蘇葉」、「洋蔥天婦羅」等，每天作替換的創意漿丸類關東煮。

面對業績較差的夏季期間，除了既有的招牌關東煮，店家更推出「辛辣關東煮」。「辛辣關東煮」是先將孜然、月桂葉、洋茴香、芫荽籽等香料乾炒飄香，再加入「高湯」和「韓式火鍋湯（Jjigae）」後，把關東煮放入湯中烹煮 1 ～ 2 小時的辣味關東煮。另外還有夏季蔬菜關東煮、以「辛辣關東煮」高湯製成的拉麵，店家表示，許多客人會為了這些夏季限定名菜上門，所以夏天一樣能維持住業績。2015 年更推出了以「佐味高湯」炊煮關東煮和雞肉的冬季料理「關東煮火鍋」，深受團客喜愛。

吳屋先生也表示，「關東煮的魅力就在於能夠運用任何食材，呈現上會充滿更多的可能」，因此也開發了許多特殊關東煮。『くれ屋』的客群主要介於 30 ～ 40 歲，目前店內大小為 14 坪，可收 30 名客人，一天翻桌 4 次。

每人的預算落在 2800 ～ 3000 日圓甚是平價，就算是夏天也能連日高朋滿座。海瓜子高湯魅力十足，客人「喝酒之後也會想品嘗享用」，深獲好評，常被當成用來「結束一頓飯」的關東煮。

店內的日式裝潢能讓各個年齡層都覺得充滿溫度。除了有吧檯座位、餐桌座位，也有稍微有點高度、需脫鞋的座位，以及二樓的閣樓座位。

每道關東煮會附 2 顆海瓜子。吳屋先生特別提到，為了讓客人品嘗到「與家裡不一樣味道」的白蘿蔔關東煮，烹煮時相當講究功夫，因為愈是簡單常見的關東煮，就要愈講究味道。

SHOP DATA

＜地址＞大阪府大阪市西区北堀江 1-1-3
四ツ橋日生ビル別館 1F
＜電話＞ 06-6536-5338　＜營業時間＞ 18:00 ～隔天 5:00
＜店休日＞無　＜規模＞ 14 坪、30 人
＜預算＞ 2800 ～ 3000 日圓
＜ HP ＞ http://sasaya-company.jp

編註：2021 年 11 月本店情報已更新。

酪梨天婦羅變成關東煮
西洋芥末的香氣讓人印象十足！

酪梨天婦羅～西洋芥末～

350 日圓（未稅）

向修業累積經驗的『やまや』致敬，以該店名菜「炭燒酪梨」為靈感開發出的新酪梨料理。
熱騰騰的酪梨格外美味，於是先炸成天婦羅，再淋上佐味高湯，成了道特別的關東煮。
上桌時搭配香氣強烈，與高湯相搭的西洋芥末，是相當受女性歡迎的佳餚。

材料（1 盤份）

酪梨…1/4 顆
天婦羅粉…40g
冷水…60g
白絞油（炸油）…適量
西洋芥末（磨泥）…適量
佐味高湯（參照 P.193）…約 50cc
海瓜子（參照 P.193）…2 顆
柴魚片…適量

MEMO

挑選還未熟透的酪梨，過熟會無法維持住形狀。

作法

1 酪梨繞籽劃刀，分成一半，去籽，切成四等分，剝皮。

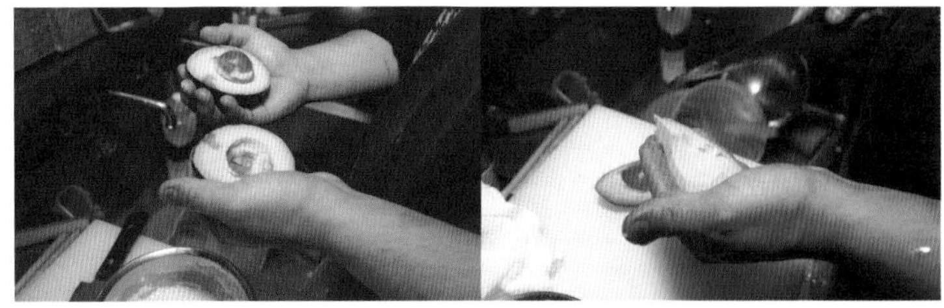

2 天婦羅粉與水倒入料理盆，輕輕攪拌讓粉完全溶解。

3 將酪梨裹上天婦羅糊。

4 將3放入 180℃油鍋炸 2 ～ 3 分鐘，撈起將油瀝乾。

5 將4盛盤，佐上西洋芥末，淋上佐味高湯再擺放海瓜子，撒點柴魚片即可上桌。

以沙丁魚和萵苣
製作日式風味高麗菜捲！

沙丁魚萵苣

350 日圓（未稅）

參考招牌關東煮的高麗菜捲，開發出這道把沙丁魚丸跟相搭的萵苣做組合的料理。
沙丁魚丸裡除了使用沙丁魚肉，也添加了等量的狼牙鱔肉，不僅能保留沙丁魚的香氣，還能減少腥味，
同時增添咀嚼時的彈牙口感。最後撒上的黑胡椒香氣讓整道料理變得更華麗。

材料（1 次烹煮量、20 盤份）

<沙丁魚丸漿>
沙丁魚漿…500g
狼牙鱔肉漿（以狼牙鱔肉搭配白肉魚、鱈魚等魚類磨製成泥）…500g
白蔥（切末）…160g

水（煮魚丸用）…適量
昆布（10cm×10cm）…1 片

<上菜用（1 盤份）>
沙丁魚丸漿…3 個
萵苣…1 片
（參照 P.191、煮魚丸用）…適量
佐味高湯（參照 P.193）…約 50cc
海瓜子（參照 P.193）…2 顆
黑胡椒…適量

MEMO

只用沙丁魚的話腥味會很明顯，所以魚丸漿要加入等比例的狼牙鱔肉漿。

外觀非常類似大家熟悉的關東煮—高麗菜捲，但製作上是以萵苣包裹沙丁魚丸，兼具獨創性。

作法

>>> 準備作業

1 製作沙丁魚丸漿。把沙丁魚漿、狼牙鱔肉漿、白蔥碎末放入料理盆混拌，不斷搓揉使其變軟且水分均勻分布。

2 小鍋子加水，放入昆布，以大火加熱滾沸。快要滾沸時就先取出昆布。

3 用手掌擠出少量魚漿[1]並做成圓球狀，讓每顆魚丸重量約 20g，以湯匙挖起，放入滾沸的[2]汆燙。

4 浮起後以濾網撈起，放涼即可冷凍保存。

>>> 上菜

5 將高湯倒入小鍋子，放入萵苣稍微煮過。[4]冷凍保存的魚丸同樣放入鍋中烹煮。

6 [5]的食材煮熟後，就可用萵苣包住魚丸，盛裝於容器，接著倒入佐味高湯，擺上海瓜子，撒點黑胡椒便可上桌。

擁有高雅視覺及香氣
蝦米入菜的創意漿丸類關東煮

蓮藕蝦

350 日圓（未稅）

使用了蝦米的手工漿丸類關東煮不僅在外觀及香氣表現上都非常高雅，將蝦米混入狼牙鱔肉漿，切成粗丁的蓮藕增添不少口感。
蝦米除了讓香氣更馥郁，也能賦予料理鮮豔的桃紅色。
蓮藕爽脆的口感配上蝦米香，盡是奢華享受。

材料（1盤份）

蝦米…4g
蓮藕（切粗丁）…10g
狼牙鱔肉漿（以狼牙鱔肉搭配白肉魚、鱈魚等魚類磨製成泥）…50g
白絞油（炸油）…適量
佐味高湯（參照 P.193）…約 50cc
海瓜子（參照 P.193）…2 顆
黃芥末…適量

MEMO

新鮮蝦子的優勢在於 Q 彈口感，但有時也會帶腥味，所以店內改用極具香氣的蝦米，視覺呈現上亦是華麗。

作法

>>> 準備作業

1 蓮藕切粗丁。

2 將1、蝦米、狼牙鱔肉漿放入料理盆迅速搓揉拌勻。

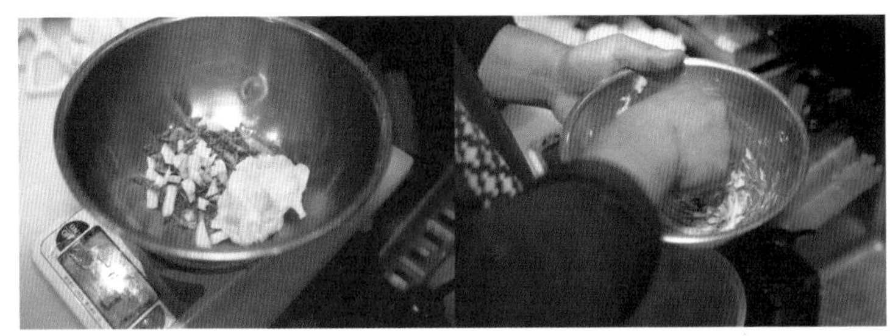

3 將2捏成扁平狀。

4 將3放入 180℃油鍋油炸，3 分半鐘翻面。

5 炸 7 分鐘後，撈起將油瀝乾。放涼後整齊排入鋪了萬用料理紙的容器並冷藏保存。

6 開店前，把5的蓮藕蝦，以及可以直接供應客人，無須再調理的關東煮擺入關東煮鍋，倒入高湯和前一晚的剩湯（參照 P.191）。

>>> 上菜

7 從關東煮鍋取出蓮藕蝦，盛盤，倒入佐味高湯，佐上海瓜子、黃芥末即可上桌。

使用在關西人喜愛的狼牙鱔
高尚甜味深獲好評的招牌菜

狼牙鱔甜不辣

250 日圓（未稅）

5 種手工漿丸類關東煮中最受歡迎的招牌菜。
每天市場新鮮直送的魚漿是嚴選關西人喜愛的狼牙鱔肉漿作為基底，搭配白身魚和鱈魚，呈現出清淡卻高尚的滋味。
捏成每顆 60g 重的甜不辣後下鍋油炸，再放入關東煮鍋燉煮。
風味單純，卻又帶有狼牙鱔高雅的甘甜，適中的 Q 彈口感亦是魅力所在。

材料（1盤份）

狼牙鱔肉漿（以狼牙鱔肉搭配白肉魚、鱈魚等魚類磨製成泥）…60g
白絞油（炸油）…適量
佐味高湯（參照 P.193）…約 50cc
海瓜子（參照 P.193）…2 顆
黃芥末…適量

MEMO

揉製魚漿時動作業要迅速，避免手的溫度影響魚漿狀態。揉捏動作不確實會影響成品，使口感太硬，所以務必充分揉捏。

作法

>>> 準備作業

1 把狼牙鱔肉漿放入料理盆迅速搓揉拌勻。

2 不斷搓揉使其變軟且水分均勻分布，接著捏成扁平狀，相當於把雞絞肉捏成丸子時的軟度。

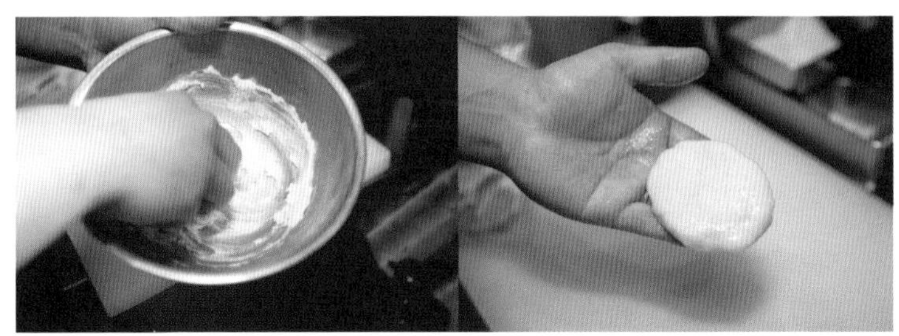

3 將2放入 180℃油鍋油炸，3 分半鐘翻面。

4 炸 7 分鐘，稍微帶點顏色時就可以先撈起將油瀝乾。放涼後整齊排入鋪了萬用料理紙的容器並冷藏保存。

5 開店前，把4的狼牙鱔甜不辣，以及可以直接供應客人，無須再調理的關東煮擺入關東煮鍋，倒入高湯和前一晚的剩湯（參照 P.191）。

>>> 上菜

6 從關東煮鍋取出狼牙鱔甜不辣，盛盤，倒入佐味高湯，佐上海瓜子、黃芥末即可上桌。

切法講究
展現出招牌牛蒡捲的口感與差異

牛蒡捲

250 日圓（未稅）

這是在狼牙鱈肉漿加入牛蒡的手工漿丸類關東煮
。為了讓魚漿與牛蒡順利拌勻，要先將刨切成片的水煮牛蒡切成細丁。
一般來說會在魚漿包入千六本切法的牛蒡，店家參考平常牛蒡捲的作法，將其捏成棒狀。
裡頭切成碎丁的牛蒡口感相當有趣。

材料（1 盤份）

刨切成片的水煮牛蒡（切丁）
…10g
狼牙鱔肉漿（以狼牙鱔肉搭配白肉魚、鱈魚等魚類磨製成泥）…50g
白絞油（炸油）…適量
佐味高湯（參照 P.193）…約 50cc
海瓜子（參照 P.193）…2 顆
黃芥末…適量

MEMO

使用刨切成片的水煮牛蒡，再切成碎丁，這種多一道功夫的作法能讓牛蒡捲更具獨特性。

作法

>>> 準備作業

1 刨切成片的牛蒡瀝乾水分再切成碎丁。

2 把1、狼牙鱔肉漿放入料理盆，迅速搓揉拌勻使其變軟，相當於把雞絞肉捏成丸子時的軟度。

3 將2捏成棒狀。

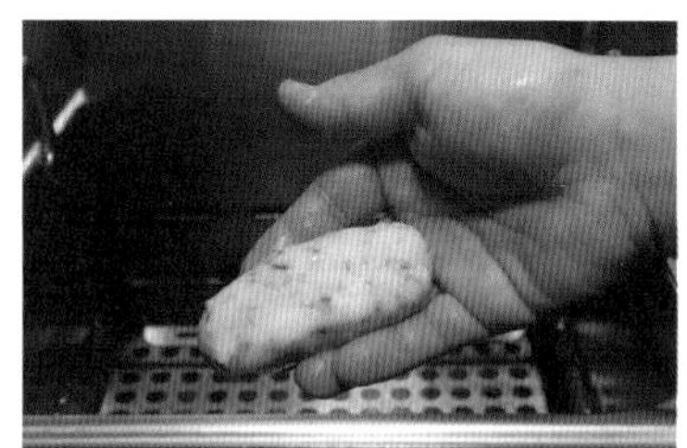

4 將3放入 180℃油鍋油炸，3 分半鐘翻面。

5 炸 7 分鐘後，撈起將油瀝乾。放涼後整齊排入鋪了萬用料理紙的容器並冷藏保存。

6 開店前，把5的牛蒡捲，以及可以直接供應客人，無須再調理的關東煮擺入關東煮鍋，倒入高湯和前一晚的剩湯（參照 P.191）。

>>> 上菜

7 從關東煮鍋取出牛蒡捲，盛盤，倒入佐味高湯，佐上海瓜子、黃芥末即可上桌。

精心調理，
美味與口感兼具的魅力逸品

牛筋～黑七味～

450 日圓（未稅）

這裡是從集團旗下的燒肉店進貨牛筋肉。仔細汆燙處理，避免牛筋帶腥味，再充分烹煮軟嫩。
牛筋本身帶有高湯味，上桌前撒點黑七味粉，讓香氣變得更馥郁。
雖然是牛筋肉，卻是帶有口感及風味的牛肉，頗受客人肯定。

材料（1 次烹煮量、約 40 盤份）

牛筋…5kg
生薑（切片）…3 片
大蔥（蔥綠部分）…3 本分
濃口醬油…50cc
岩鹽…30g
高湯（步驟7使用，參照 P.191）…4 ℓ
前一晚的剩湯（步驟7使用，參照 P.191）…2 ℓ

<上菜用（1 盤份）>
牛筋…80g
黑七味…適量
青蔥（蔥花）…適量
黃芥末…適量
佐味高湯…約 50cc
海瓜子…2 顆

MEMO

為了讓牛筋的鮮味能夠滲到其他關東煮，步驟7會把漿丸類關東煮、無須再調理的關東煮（白蘿蔔、燒豆腐、蒟蒻、油豆腐、滷土蛋、馬鈴薯）和牛筋再一起炊煮。

作法

>>> 準備作業

1 牛筋肉放入大鍋子，倒入約莫能蓋過食材的水（份量外），以大火烹煮。水滾後轉成中火，過程中要撈除浮沫，煮到牛筋全熟。

2 倒掉1的湯汁，用濾網撈起牛筋。

3 清洗1的大鍋子，再次放入2的牛筋，加入差不多能蓋過食材的水（份量外）。

4 把生薑片、大蔥蔥綠部分、濃口醬油、岩鹽加入[3]，以大火烹煮。

5 等[4]滾沸後轉中火，烹煮 1 小時。

6 將[5]過濾，放涼後切成適口大小。

7 除了漿丸類關東煮、上桌前還要再調理的關東煮，把其餘已經完成準備作業，等著加熱的所有關東煮一起放入大鍋子，加入高湯和前一晚的剩湯，再加入[6]，烹煮 4 小時。

8 開店前，把[7]的食材和漿丸類關東煮擺入關東煮鍋，倒入高湯和前一晚的剩湯（參照 P.191）。

>>> 上菜

9 從關東煮鍋取出牛筋，盛盤，佐上黃芥末，撒點黑七味粉，在牛筋中間撒上蔥花。最後倒入佐味高湯，擺上海瓜子。

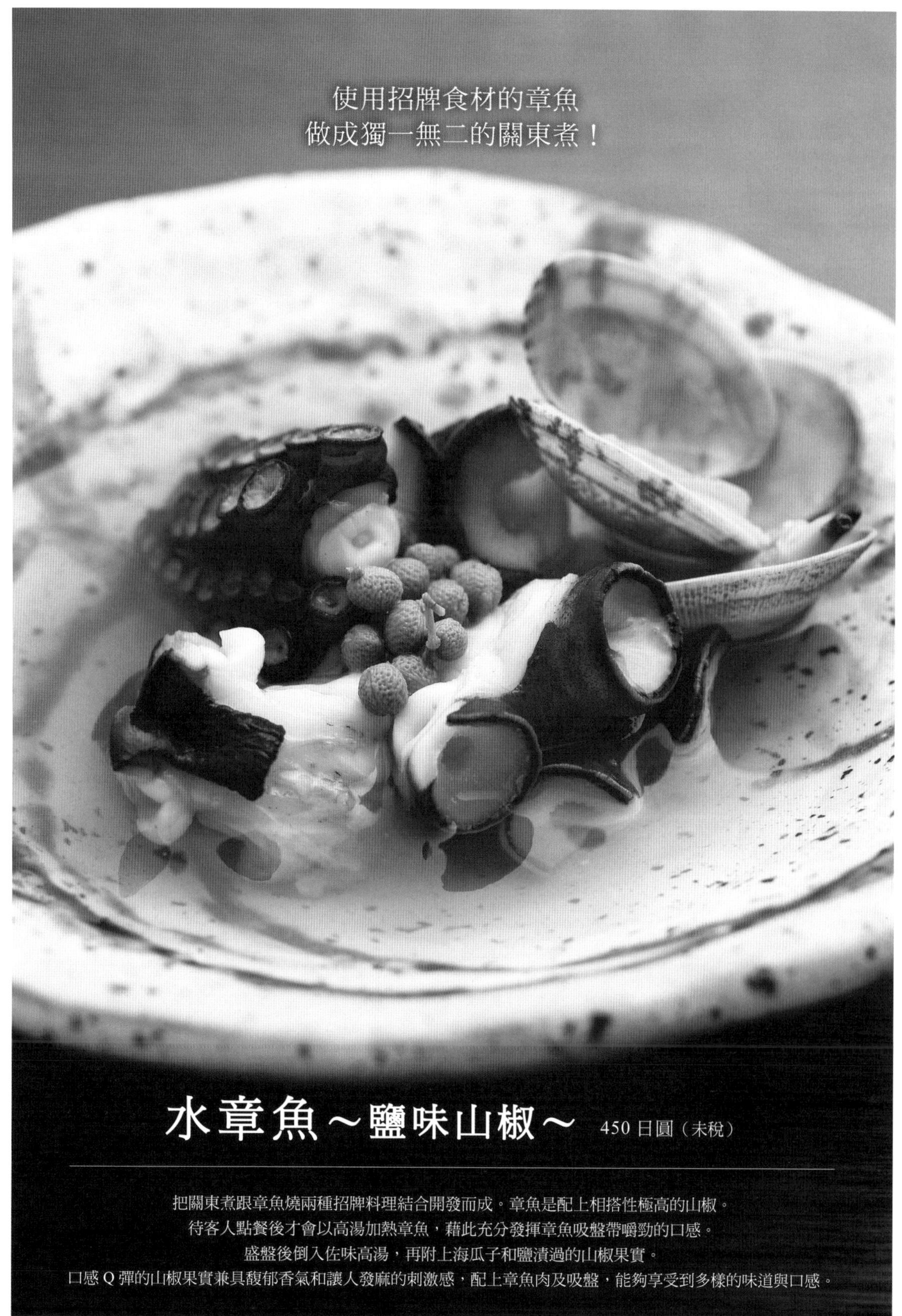

使用招牌食材的章魚
做成獨一無二的關東煮！

水章魚～鹽味山椒～ 450 日圓（未稅）

把關東煮跟章魚燒兩種招牌料理結合開發而成。章魚是配上相搭性極高的山椒。
待客人點餐後才會以高湯加熱章魚，藉此充分發揮章魚吸盤帶嚼勁的口感。
盛盤後倒入佐味高湯，再附上海瓜子和鹽漬過的山椒果實。
口感 Q 彈的山椒果實兼具馥郁香氣和讓人發麻的刺激感，配上章魚肉及吸盤，能夠享受到多樣的味道與口感。

靈感來自蔥鮪鍋
鮪魚 × 蔥的創新關東煮

豆芽菜的創意&即興關東煮
就像在品嘗涼拌菜！

發揮海瓜子高湯
炸物浸高湯風味茄子關東煮

蔥鮪關東煮 450 日圓（未稅）

「蔥鮪」（ねぎま）是指用蔥和鮪魚做成的火鍋「蔥鮪鍋」（ねぎま鍋），於是店家把鮪魚和蔥組合作成創意關東煮。這裡使用的是肉質較硬，但炊煮後既美味又富含油脂的腦天部位（魚的頭頂部）。客人點餐後會先用小鍋子滾沸高湯，接著放入鮪魚和切成長段的蔥加熱。煮熟後佐上柚子胡椒便可上桌。

加量豆芽菜 150 日圓（未稅）

很少見的豆芽菜關東煮。使用整整半袋的豆芽菜，客人點餐後再以小鍋子煮滾高湯，將豆芽菜放入迅速過水氽燙。重點在於不能煮太久，保留爽脆口感。仿照涼拌菜的作法，以芝麻油、黑胡椒調味。倒入佐味高湯、於豆芽菜中間擺放青蔥，再佐上海瓜子。製作快速、烹調效率佳也是這道關東煮的優勢。

炸茄子 350 日圓（未稅）

這道關東煮是仿照日式料理招牌的「炸物浸高湯」。
茄子直接下鍋油炸後，撒上青蔥，倒入佐味高湯，擺上白蘿蔔泥和生薑泥，再佐上海瓜子。
開店之初就已經把茄子天婦羅做成關東煮供客人品嘗，後來為了好好運用海瓜子高湯，於是做成炸物浸高湯。
不僅能夠直接品嘗到茄子風味，浸高湯的呈現方式也相當高雅，因此頗受好評。

APRON

東京·
吉祥寺

エプロン

店家使用兼具保溫性且視覺呈現佳的銅製大鍋作為關東煮鍋。擺放在接近入口的吧檯內，隨時擺有 20 種關東煮。

『エプロン』的MODERN ODEN

● 關東煮單點：200 ～ 680 日圓（未稅）

關東煮品項接近 20 種，除了基本關東煮，還會使用當季食材製作關東煮，作為每日精選料理。每道料理價位落在 200 ～ 300 日圓，另外也有「番茄佐細絲昆布」（480 日圓）、「香菜牛筋」（680 日圓）等料理呈現度高、份量滿點的菜餚。

● 關東煮高湯：綜合高湯

高湯是以昆布和柴魚片為基底，加了小魚乾、鯖魚柴魚片，製成綜合高湯。昆布先浸泡一晚，連同較厚的柴魚片、小魚乾、鯖魚柴魚片迅速煮過即可完成。味道不夠時，還會再加入飛魚。營業期間煮到湯汁變少的話，則會加入柴魚高湯稀釋。

第二代店長野美治先生。擁有超過 20 年的日式料理經驗，將日式元素與店裡的關東煮結合。

無論是湯頭還是關東煮，
店家的講究程度深獲客人喜愛

『エプロン』位於小型餐飲店林立，客人能享受邊走邊吃樂趣的東京吉祥寺車站前商店街，ハモニカ横丁（口琴横丁）裡頭。而『エプロン』就是在横丁內開立 12 間餐飲店的 VIC 公司，依照其地理環境，於 2012 年 12 月開業的關東煮店。

『エプロン』座落在狹窄街道上一間寬度不大的獨棟店面，一樓只有吧檯座位，感覺像是割烹料理店，二樓則是能更放鬆的餐桌座位，感覺比較像是咖啡店。整體氛圍不僅能讓人放鬆，卻有感受得到新穎元素的店鋪設計和菜單內容深受好評，20、30 歲女性為主要客群，每天都能高朋滿座。據說很多常客都會在口琴横丁續攤 2、3 間，最後再以『エプロン』溫熱的關東煮作結束，所以就算夏天同樣門庭若市。

『エプロン』的關東煮延續初代店長的滋味，再由 2 年前繼任的第二代店長坂野美治先生發揚光大。以日式元素為主軸的綜合高湯，搭配上帶點小巧思、獨創性強烈的關東煮，就是一道道整體協調的佳餚。日式料理出身的坂野店長會親自走訪築地確認食材狀況，也會四處品嘗各類日式料理店，聽取店內員工意見，開發新菜單。更會特別結合當季食材，為關東煮增添季節感。使用的食材除了有春季的椿芽、莢果蕨等山菜，還有秋季用菇類做成的「內餡豆包」，以及用關東煮高湯烹煮蔬菜，做成浸漬風味，讓客人吃不膩。

坂野店長更強調，「雖然是關東煮高湯，但不希望湯頭顏色太深，目標提供客人『顏色清淡、味道濃郁』的高湯」，於是特別以大量昆布製作高湯，搭配白高湯醬油、鹽、酒、味醂調味，讓湯頭色調清淡。坂野也提到，「烹調的步驟絕對不能馬虎，店家雖然每天都在製作料理，但對客人而言，當下的感受就是全部」，所以對每個環節極為講究。柴魚的香不帶腥味，味道單純，不只能與蔬菜搭配，和肉類魚類也相當契合，「香菜牛筋」這類嶄新的關東煮更是要靠精心製作的關東煮高湯來呈現。許多客人會將關東煮連同器皿裡的湯汁全部用盡，使用關東煮高湯的「雜炊」（710 日圓）也相當受歡迎。

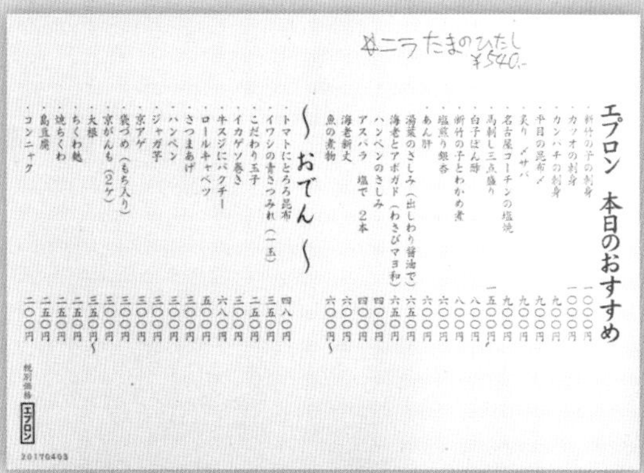

☆ニラたまのひたし ¥540.-

エプロン　本日のおすすめ

・新竹の子の刺身	一〇〇〇円
・カツオの刺身	一〇〇〇円
・カンパチの刺身	九〇〇円
・平目の昆布〆	九〇〇円
・炙り〆サバ	九〇〇円
・名古屋コーチンの塩焼	九〇〇円
・馬刺し三点盛り	一五〇〇円〜
・白子ぽん酢	八〇〇円
・新竹の子とわかめ煮	八〇〇円
・塩煎り銀杏	六〇〇円
・あん肝	六〇〇円
・湯葉のさしみ（出しわり醤油で）	六五〇円
・海老とアボガド（わさびマヨ和）	六五〇円
・ハンペンのさしみ	四〇〇円
・アスパラ　塩で　2本	四〇〇円
・海老新丈	六〇〇円
・魚の煮物	六〇〇円〜

〜おでん〜

・トマトにとろろ昆布	四八〇円
・イワシの青さつみれ（一玉）	三五〇円
・こだわり玉子	二五〇円
・イカゲソ巻き	三〇〇円
・牛スジにパクチー	六八〇円
・ロールキャベツ	五〇〇円
・さつまあげ	三〇〇円
・ハンペン	三〇〇円
・ジャガ芋	三〇〇円
・京アゲ	三〇〇円
・袋づめ（もち入り）	三〇〇円
・京がんも（2ケ）	三〇〇円
・大根	三五〇円〜
・ちくわ麩	二五〇円
・焼ちくわ	二五〇円
・島豆腐	二五〇円
・コンニャク	二〇〇円

税別価格　エプロン

20170403

菜單超過一半的內容都是當天的精選料理。裡頭包含使用當季食材的關東煮，希望讓客人怎麼吃都不覺得膩。

湯頭色調雖然清淡，卻帶有昆布非常有深度的滋味。店家講究味道的一致性，因此會每天重作關東煮高湯，捨棄添加前一天的剩湯。

不少客人喜歡看著關東煮鍋，和店員開心對話的同時，挑選想吃的關東煮，所以一樓的吧檯座位總會預約全滿。

SHOP DATA

＜地址＞東京都武蔵野市吉祥寺本町 1-1-1
ハモニカ横丁内
＜電話＞ 0422-23-5334　＜營業時間＞ 17:00 ～ 24:00
＜店休日＞無　＜規模＞ 21 人
＜預算＞ 3000 日圓　＜ HP ＞ http://hamoyoko.jp/

口感鬆軟的手工魚丸
石蓴香氣讓魅力加分

石蓴沙丁魚丸

1 顆 350 日圓（未稅）

進貨整條的沙丁魚後，再手工製成店內名菜「沙丁魚丸」。與富含香氣的石蓴搭配，魅力亦是加分。
剁成粗丁狀的沙丁魚不僅保留了口感，在魚漿裡加入雞蛋後，口感表現更加輕盈鬆軟。
魚丸汆燙後冷藏備用，客人點菜後再與石蓴一起加熱。店家對於此料理講究鮮度，堅持每天製作，並當天售完。

材料（13 盤份）

<魚丸漿>
沙丁魚…20 條
生薑（磨泥）…2 塊
大蔥（切丁）…2 根
雞蛋…1 顆

<上菜用（1 盤份）>
關東煮高湯…90 cc
石蓴…1 大匙

MEMO

加熱時煮到大滾的話丸子會鬆散開來，將火候控制在微微冒泡，慢火煮熟丸子，並仔細撈除浮沫。

作法

>>> 準備作業

1 製作魚丸漿。以三片切法處理沙丁魚，剁成粗丁狀。

2 把生薑泥、蔥末、雞蛋加入①拌勻。

3 從②取乒乓球大小的份量，揉成圓形。放入滾沸湯汁，以大火加熱 2 ～ 3 分鐘，並撈除浮沫。

4 丸子內部煮熟浮起時就可從③撈出，放涼後擺入容器冷藏存放。

>>> 上菜

5 在小鍋子倒入關東煮高湯，放入石蓴、④的丸子加熱。丸子變熱就可以連同湯汁移至器皿，上桌供客人品嘗。

牛筋 × 香菜組合關東煮
盡情享受鮮味與香氣的競演

香菜牛筋

680 日圓（未稅）

慢火燉煮過的和牛牛筋，擺上目前掀起熱潮的滿滿香菜。
牛筋鮮味和香菜獨特風味的絕妙搭配，深獲年輕女性的喜愛。
多次汆燙牛筋去除油分，讓牛筋風味變得清爽。
客人點餐後再以關東煮高湯加熱，並擺上香菜，客人可依喜好沾柚子醋與柚子胡椒品嘗。

材料（10 盤份）

牛筋（汆燙完成）…500g
水…適量

<上菜用（1 盤份）>
關東煮高湯…180 cc
香菜…適量
水菜…適量
柚子醋…適量
柚子胡椒…適量

MEMO

要充分去除油分，讓牛筋風味清爽。煮太軟有損美味，所以煮軟的同時還要保留適當硬度，展現牛筋的口感。

作法

>>> 準備作業

1 處理好牛筋後，重複汆燙並倒掉湯汁，去除腥味，燉煮 2 ～ 3 小時，將牛筋煮軟。

2 把水和1倒入鍋子，邊加水邊繼續燉煮 2 ～ 3 小時。

>>> 上菜

3 取 1 盤份的關東煮高湯與2放入小鍋子加熱。

4 將3盛盤，擺上切好的日本水菜、香菜。佐上柚子醋和柚子胡椒。

用細絲昆布降低番茄酸度
提升鮮味

將春天必嘗的「滷嫩筍」
做成關東煮料理

細絲昆布番茄 480日圓（未稅）

將人氣關東煮之一的番茄與細絲昆布搭配，做出個性化料理。
細絲昆布和昆布基底的關東煮高湯十分契合，其中的鮮味還能淡化番茄的酸度。
使用一整顆番茄，汆燙去皮後，浸在溫熱關東煮高湯使其入味。客人點餐後再將番茄連同高湯一起用小鍋子加熱。

滷嫩筍海帶芽 800日圓（未稅）

2月～5月供應的季節限定關東煮。這道關東煮是將日式料理招牌滷物中，常見於春季的嫩筍與海帶嫩芽結合。
店家會先把竹筍水煮切薄片，客人點餐後再與海帶嫩芽一起用高湯加熱，連同湯汁盛起，最後擺上油菜花裝飾。
冬天則會推出「牡蠣茼蒿」等以當季食材做組合的關東煮。

蝦丸 600日圓（未稅）

將手工蝦丸做成關東煮供客人品嘗。耗時自製的魅力、絕佳配色與十足的份量都讓蝦丸頗受歡迎。
先拌勻魚泥和蝦泥，揉成圓形再擺上蝦仁，接著放入關東煮高湯煮熟。
蝦子加熱後的橘色讓視覺呈現更漂亮，Q彈口感深獲女性客人好評。

愛知・名古屋

SALOON KANAE

サルーンかなへ

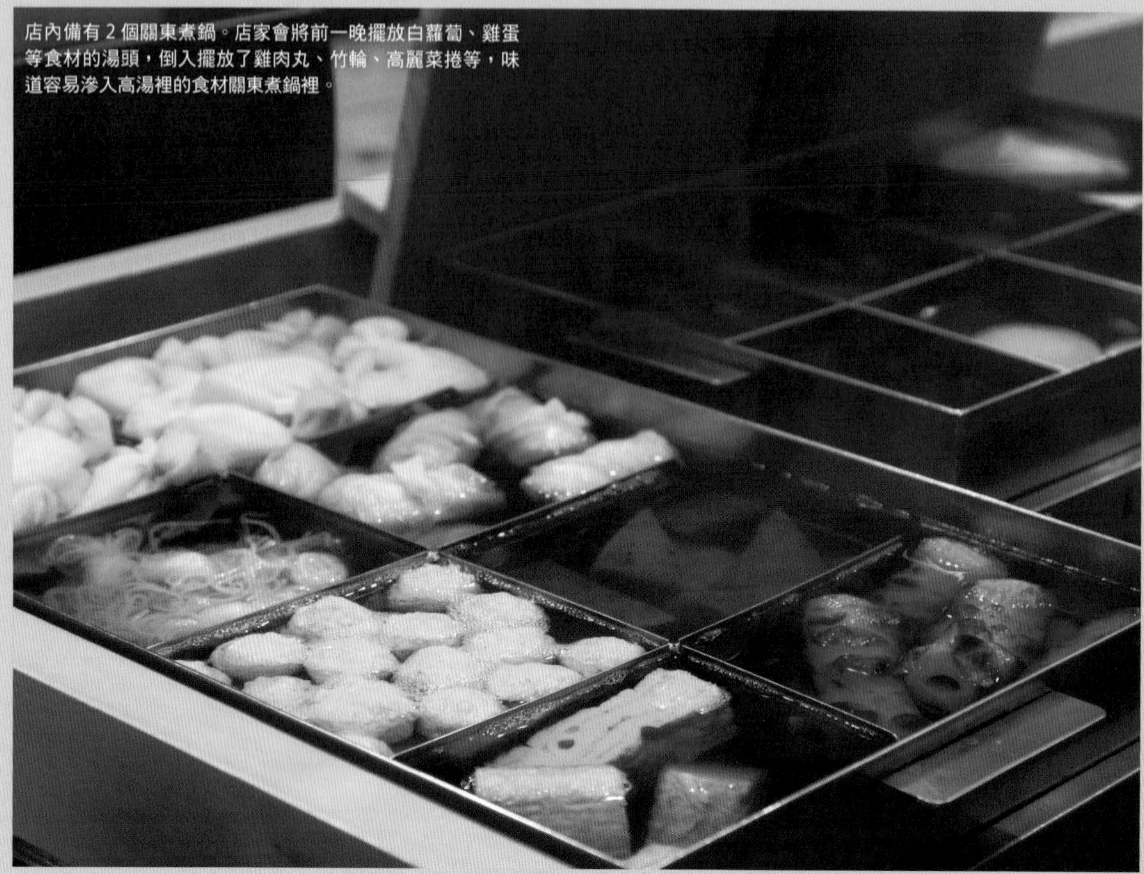

店內備有 2 個關東煮鍋。店家會將前一晚擺放白蘿蔔、雞蛋等食材的湯頭，倒入擺放了雞肉丸、竹輪、高麗菜捲等，味道容易滲入高湯裡的食材關東煮鍋裡。

『サルーンかなへ』的 MODERN ODEN

● 關東煮單點：150 ～ 730 日圓（未稅）

除了有招牌關東煮、創意關東煮，店家還提供了能發揮京都風高湯滋味的關東煮。每種食材都經過仔細處理，發揮材料本身的風味，對於上桌前添加的高湯調味及附上的調味料同樣講究。考量客群多半為團客，因此每道料理的份量會稍微較多，方便客人分食享用。

● 關東煮高湯：柴魚高湯

先以利尻昆布和荒節柴魚柴魚片熬取濃郁高湯，加入鹽和醬油調味後就是 1 番（譯註：意指「第一道」）關東煮高湯，此高湯會使用在創意關東煮或料理中。將白蘿蔔、雞蛋放入 1 番關東煮高湯煮過之後的湯頭稱作 2 番高湯。隔天將雞肉丸放入 2 番高湯煮過之後的湯頭則稱作 3 番高湯。

おでん だし

サルーンのおでんは
京風のあっさりとした"だし"
を使用して仕込んでいます

白滝	150	レタス	400
こんにゃく	150	ブロッコリー	400
がんも	180	京水菜	400
餅入り巾着	180	明石焼き	420
ごぼ天	180	刺身わかめ	420
玉子	180	餃子	420
白はんぺん	180	じゃがバター	480
ちくわ	200	トマト	530
大根	250	手造り豆富	550
ウインナー	280	豚しゃぶ	550
ロールキャベツ	300	牛すじ	650
厚焼き玉子	350	牛タン	730
つくね	350	牛ホルモン	730
京生麩	400		
巻湯葉	450		
里芋	500		

おでん盛り合わせ

表示価格は全て税抜きとなっております

除了招牌關東煮，還可見充滿風格的特色關東煮、使用當季食材的季節限定關東煮等，每天都會備妥 30 種以上的關東煮食材。

在味噌關東煮聞名的名古屋
以京都風味的創作關東煮大受好評

Odn企業在味噌關東煮文化根深蒂固的名古屋，開設了『かなやまサルーン』、『那古野サルーン』、『サルーンかなへ』3間專打京都風味高湯的關東煮專賣店。該店價位設定介於常見關東煮料理的居酒屋和割烹料理店。『サルーンかなへ』將自己定位成「Oden Bar」，標榜「店內氣氛既不像居酒屋那麼喧囂吵雜，價位又不像割烹那麼昂貴，隨時都能品嘗到高接受度的關東煮」。店內照明昏暗，走日式摩登路線，環境氛圍讓女性相當自在，因此深受30歲女性團客歡迎，卻也成了很難預約到的人氣餐廳。由於客群多半是2人～少人數團體，因此店家每道料理的份量會稍微多一些，好讓客人分食品嘗。另外也會主動告知獨自前來的客人料理份量可以減半，特別注重小細節，讓新客能變成常客。每間店鋪還會各自推出「每日精選」，避免常客吃膩。

關東煮可分成2大類，其一是放在吧檯大鍋內的白蘿蔔、雞蛋、蒟蒻等招牌關東煮。這些食材於開店前就先煮到入味，再加上不少客人都會點來作為「開場」，因此必須能夠迅速上桌讓客人品嘗。另一種則是依照食材種類，調味、烹煮程度、配料都要加以調整，待客人點餐後才會做後續烹調，種類較特別的關東煮。「牛舌」、「涮豬肉」、「牛內臟」等，種類豐富的肉類關東煮調味也是各有講究之處。搭配關東煮的佐料也看得出店家的用心，像是與「日本水菜」、「手工豆腐」關東煮高湯搭配的梅肉，而「奶油馬鈴薯」所用的蒜香奶油更是依照關東煮本身的味道手工製成。用來搭配「牛舌」的粗蘿蔔泥和洋蔥泥更是店家經過多次試作才找到的最佳組合。

另外還有使用當季食材的季節限定關東煮，冬天可以品嘗到「牡蠣」、「鮟鱇魚」。鮟鱇魚是每年許多客人非常期待的關東煮食材，不過食材本身的品質好壞卻會深深影響風味，所以店家寧願停止供應，也拒絕對食材品質妥協。充滿風格與獨創性的關東煮隨處可見店家的堅持與功夫，讓『サルーンかなへ』的人氣歷久不衰。

關東煮準備作業所需，以及供應前置作業所需的高湯稱作1番關東煮高湯。店家每天都要準備40公升的高湯量。

在名古屋經營3間關東煮專賣店的Odn代表董事島本圭介先生。不僅致力經營，更活用過去日式料理人的經驗，積極開發新菜單、改善料理味道。

店內設計講究隱身都市中的日式摩登氛圍。備有能供2至10組團客入座，可移動的地板凹洞式座位與吧檯座位。

SHOP DATA

<地址>愛知県名古屋市中区大須4-1-20
<電話>052-242-7775　<營業時間>17:00～隔天1:00
<店休日>無（新年、年底除外）
<規模>25坪、32人　<預算>4000～4500日圓
< HP > http://odenya-saloon.com/

吸飽高湯鮮味的白蘿蔔與
細絲昆布的絕妙搭配

白蘿蔔

250 日圓（未稅）

蘿蔔削掉厚厚一層皮，修整邊角，避免客人品嘗時吃到外圍殘留的纖維，接著放入洗米水汆燙 2 小時，讓蘿蔔變得晶透。
後續放入高湯鍋燉煮時蘿蔔也會更快入味，甚至入口即化。
上桌前佐上細絲昆布，能為高湯風味及在口中化開的口感加分。

材料（1 次烹煮量、35 盤份）

白蘿蔔（每塊 150g）…35 塊
洗米水…10 ℓ
1 番高湯
（先以利尻昆布和荒節柴魚柴魚片熬取高湯，加鹽和醬油調味）…10 ℓ

＜上菜用（1 盤份）＞
2 番高湯
（營業當天用來加熱白蘿蔔的關東煮高湯）…200cc
細絲昆布…適量

作法

>>> 準備作業

1 將白蘿蔔切成 150g 塊狀，削掉厚厚一層皮、修整邊角。

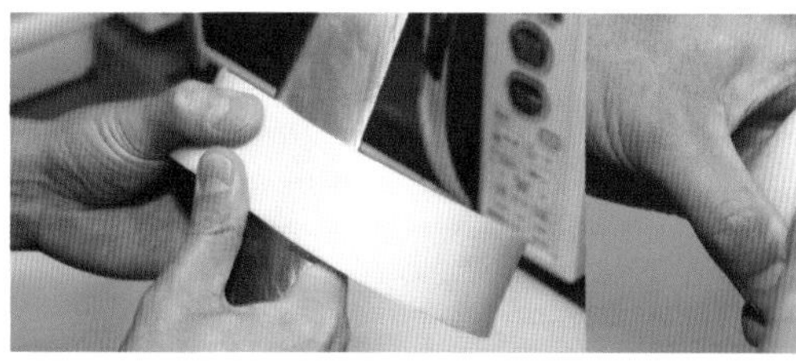

2 用洗米水汆燙①，加熱 1.5 ～ 2 小時，煮到白蘿蔔變得晶透。倒掉洗米水，再用水洗掉白蘿蔔表面的滑液。

3 將②放入吧檯已加了 1 番高湯的關東煮鍋，慢火加熱 2 小時使其入味。

>>> 上菜

4 將③盛盤，倒入 2 番高湯，再佐上細絲昆布。

蒜香奶油能為關東煮
增添西式風味與濃郁感

奶油馬鈴薯

480 日圓（未稅）

將整顆馬鈴薯連皮汆燙，避免煮到軟爛，
再以結合各種關東煮食材鮮味的 3 番高湯加以燉煮，連同高湯完全放涼，使馬鈴薯充分入味。
佐上以大蒜、黑胡椒、巴西利製成的手工蒜香奶油，不僅能為馬鈴薯注入西式風味，表現更加鮮明，呈現上也會更有張力。

材料（1 次烹煮量、5 盤份）

馬鈴薯（2L 大小）…5 顆
水…5 ℓ
3 番高湯
（前一晚煮過白蘿蔔關東煮的高湯）…5 ℓ

＜上菜用（1 盤份）＞
1 番高湯…300cc
蒜香奶油＊…5g

MEMO

把整顆未削皮的馬鈴薯放入水中汆燙，火候介於感覺水快滾，卻有沒有沸騰的程度，這樣能避免馬鈴薯煮到鬆垮。馬鈴薯煮軟到能用筷子快速插入時就可起鍋。

作法

>>> 準備作業

1 將帶皮馬鈴薯放入已裝水的鍋中，開火加熱，沸騰後轉成非常微弱的小火，汆燙 3 ～ 4 小時。

2 馬鈴薯煮軟後，將水倒掉，接著倒入 3 番高湯，以小火燉煮。連同湯汁一起放涼讓馬鈴薯入味。

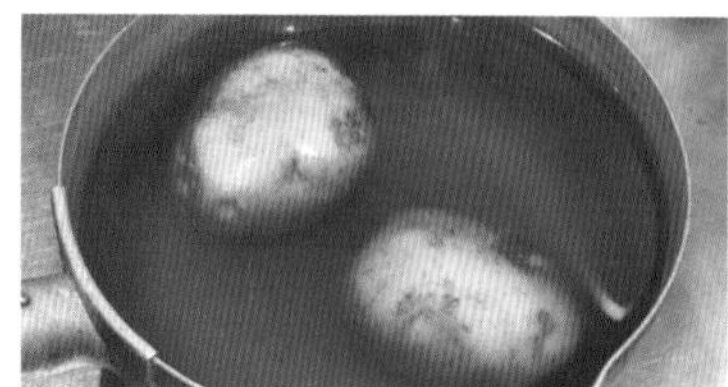

3 馬鈴薯放涼後，切成一半，移至其他容器，繼續浸在高湯中，冷藏存放。

>>> 上菜

4 取 2 塊馬鈴薯（1 顆分），和 1 番高湯一起加熱。

5 切取蒜香奶油。馬鈴薯和高湯盛盤後，將奶油擺在馬鈴薯上。

＊蒜香奶油

材料（1 次烹煮量、約 40 盤份）

有鹽奶油…200g
巴西利（切末）…40g
蒜末…15g
黑胡椒…1/3 小匙

作法

1 奶油回溫，和切碎末的巴西利、蒜末、黑胡椒拌勻。

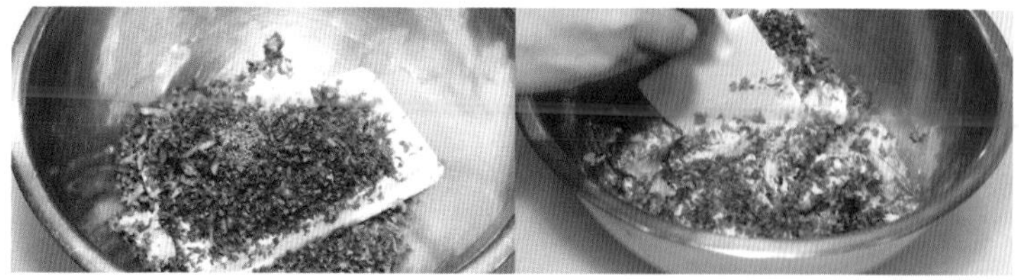

2 將1擺到保鮮膜上，捏塑形狀，要避免空氣滲入，接著便可放置冰箱冷藏使奶油變硬。

爽脆口感好有趣！
梅肉高湯也很美味！

京水菜

400 日圓（未稅）

加熱時間短，能完全展現出水菜爽脆口感的關東煮。
加熱能淡化葉菜類特有的菜味，提高客人對水菜的接受度。
點綴用的梅肉不單是佐料，加入關東煮高湯後，攪拌化開再加熱能讓梅子酸味變得柔和，熱湯飄起的水蒸氣還會夾帶梅香。

材料（1 盤份）

日本水菜…80g
1 番高湯…300cc
梅肉＊…1 茶匙
柴魚片…適量

MEMO

為了保留水菜爽脆的口感，要縮短水菜入鍋後再次滾沸的時間。

作法

1 1 番關東煮高湯放入鍋子煮沸，加入梅肉攪拌化開。

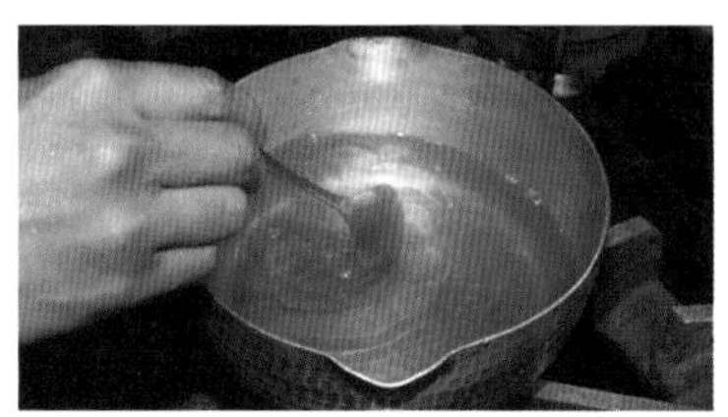

2 將切成 6cm 長的水菜放入1，再次滾沸 20 秒左右就可熄火。

3 將2連同湯汁盛盤，擺上柴魚片。

＊梅肉

材料（1 次烹煮量、約 20 盤份）

醃梅乾（紀州南高梅薄鹽口味）…20 粒

作法

1 梅乾去籽。

2 將1梅乾剁成泥。

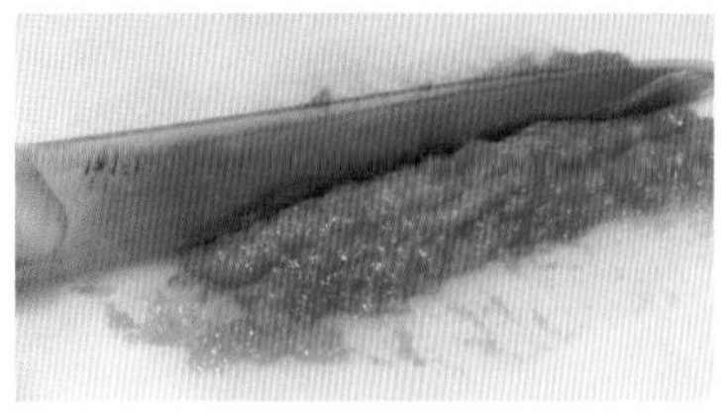

3 放入容器冷藏保存。

柚子醋和佐料讓味道更顯清爽的
牛舌關東煮

牛舌

730 日圓（未稅）

以 2 番關東煮高湯將燒烤用的牛舌薄片稍作烹煮，成了這道關注度極高的肉類關東煮。
盛盤後用來增添風味的柚子醋表現強眼，讓口感變得清爽。
混合粗蘿蔔泥和洋蔥泥擺在牛舌上，再佐上檸檬片，看起來就像燒烤店的鹽蔥牛舌。

材料（1 盤份）

牛舌（燒烤薄片）…5 片（約 80g）
2 番高湯…150cc
粗蘿蔔泥…適量
洋蔥泥…適量
柚子醋…適量
檸檬…1 片

作法

1 鍋中 2 番高湯滾沸後，將牛舌一片片放入，加熱到變色。

2 將牛舌盛裝於器皿，倒入少量柚子醋增添風味。

3 混合粗蘿蔔泥和洋蔥泥後，擺在牛舌上，再佐上檸檬片，慢慢倒入 1 的關東煮高湯。

裡面還有大蒜和高麗菜！
根本就是「大腸鍋風味關東煮」

牛內臟

730 日圓（未稅）

這裡使用了肉質比大腸肥厚，燉煮過後還能保留 Q 彈多脂口感的牛小腸。
先將牛小腸用關東煮高湯汆燙，分成小量再保存，不僅能使小腸入味，也能縮短上桌的時間。
加入大蒜與高麗菜，味道就像在品嘗大腸鍋。最後附上泡水去掉辣味的蔥花提味便可上桌。

材料（1 次烹煮量、12 盤份）

日本產牛小腸（已前置處理）…2kg
1 番高湯…2 ℓ

＜上菜用（1 盤份）＞
日本產牛小腸…150g
1 番高湯…300cc
高麗菜…
蒜末…適量
淡口醬油…適量
白蔥（蔥花）…適量

作法

>>> 準備作業

1 先將牛小腸用 1 番關東煮高湯汆燙 20 分鐘，切成適口大小，分成小份冷凍保存。

>>> 上菜

2 用鍋子煮滾 1 番關東煮高湯，放入蒜末、淡口醬油、1的牛小腸。

3 牛小腸變熱後，放入切成一口大小的高麗菜繼續加熱。

4 高麗菜加熱到仍保留些許口感就可以先熄火，連同湯汁盛盤，佐上泡過水的白蔥。

軟嫩多汁的豬肉
做成涮肉品嘗！

涮豬肉

550 日圓（未稅）

這裡使用了質地細緻柔軟又多汁的「信州豬」薄里肌肉片。
將肉一片片放入滾水汆燙，接著放入已經擺了粗蘿蔔泥、柚子醋、一味辣椒粉的器皿，
加入 2 番關東煮高湯後，佐上泡水去除辣味的白蔥。
料理份量十足，但豬肉汆燙後能去除相當油脂，配上柚子醋和粗蘿蔔泥能讓口感變得更清爽。

材料（1 盤份）

豬里肌肉（薄片）
…5 片（約 100g）
粗蘿蔔泥 …適量
柚子醋…適量
一味唐辛子粉…適量
2 番高湯…250cc
白蔥（蔥花）…適量

作法

1 將粗蘿蔔泥、柚子醋、一味唐辛子粉放入器皿。

2 將豬里肌肉一片片放入滾沸熱水，汆燙到變色後，擺入1。

3 將溫熱的 2 番高湯倒入器皿，佐上泡水去除辣味的白蔥。

濕潤口感中的
軟骨口感帶來點綴！

雞肉丸

350 日圓（未稅）

取等量的雞胸肉與雞腿肉做成絞肉，並加入剁細的軟骨。
搭配全蛋與伊勢芋讓所有食材能結合在一起，口感也會更加濕潤。
汆燙讓丸子表面變硬時，以 1 番關東煮高湯取代熱水，讓丸子本身能帶點鹹味，
從保存備用進入開店前的準備作業時，雞肉丸也能更快入味。

材料（1 次烹煮量、40 盤份）

<肉丸漿>
雞絞肉（雞胸肉、雞腿肉各 1kg）…2kg
三角雞軟骨…約 700g
伊勢芋（磨泥）…50g
全蛋…2 顆
生薑泥…2 大匙
酒…適量
太白粉…適量

1 番高湯…3 ℓ

<上菜用（1 盤份）>
雞肉丸…4 顆
3 番高湯…100cc
白蔥（蔥花）…適量

MEMO

- 製作肉丸漿使用的雞蛋要先打散，才能讓蛋液和肉丸漿混合均勻。
- 必須充分搓揉肉丸漿，使其產生黏性，以免汆燙時肉丸散開。

作法

>>> 準備作業

1 製作肉丸漿。除了太白粉，將其他所有材料與雞絞肉、雞軟骨拌勻的肉漿混合。

2 充分拌勻1，少量逐次加入太白粉，調整硬度。

3 1 番關東煮高湯放入鍋子煮滾，用湯匙將2塑型，入鍋汆燙使表面變硬（每顆 20g）。

4 用濾網撈起3，瀝掉湯汁，放涼後冷凍保存。

5 開店前，把解凍的雞肉丸放入吧檯內放有 3 番高湯的關東煮鍋，加熱使其入味。

>>> 上菜

6 將5連同 3 番高湯盛裝入器皿，佐上泡水去除辣味的白蔥。

風味濃郁的手工豆腐
搭配梅肉高湯變得好清爽

手工豆腐

550 日圓（未稅）

使用專門設備，只以豆漿、鹽滷做成手工無添加的豆腐，
用充滿梅肉風味的 1 番高湯加熱後再盛盤，擺放柴魚片、去辣味的白蔥就可以上桌。
梅子爽颯的酸味、高湯裡鹽和醬油的鹹味都能更加襯托大豆帶濃郁的香甜，
成為一道和湯豆腐不同概念的佳餚，口感表現上亦是獲得好評。

材料（1 次烹煮量、約 4 盤份）

豆漿…1kg
鹽滷…14g

<上菜用（1 盤份）>
豆腐…約 250g
1 番高湯…300cc
梅肉（參照 P.133）…1 茶匙
柴魚片…適量
白蔥（蔥花）…適量

MEMO

剛凝固的豆腐非常軟，要先靜置容器內待其放涼變硬後再取出。

作法

>>> 準備作業

1 把豆漿與鹽滷倒入容器，用鍋鏟拌勻。

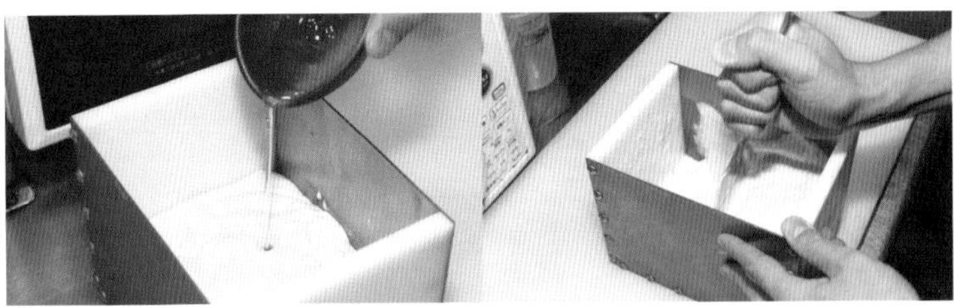

2 將1放入設備，以 57℃加熱 15 分鐘使其凝固。

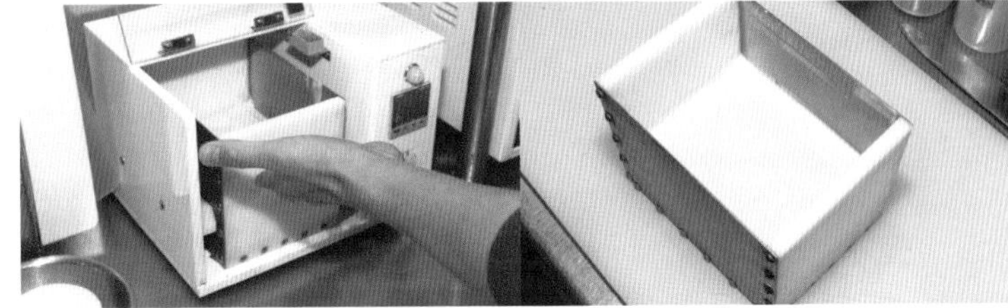

3 2放涼變硬後，放到料理盆，置入冷藏存放。

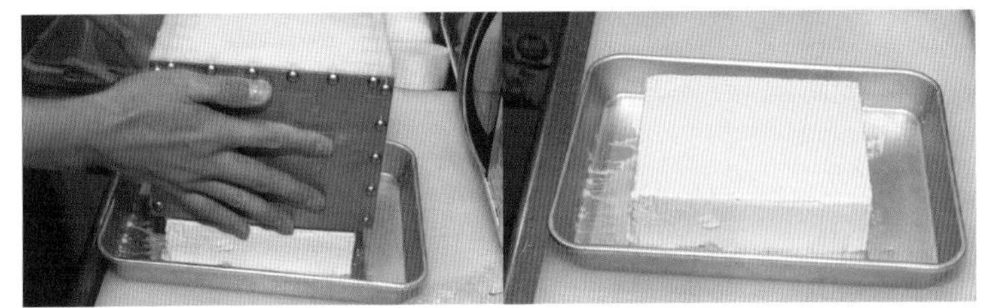

>>> 上菜

4 1 番高湯倒入鍋子加熱，加入梅肉拌勻融化。

5 豆腐切成 4 等分，放入鍋中，將內部充分加熱。

6 將5連同高湯盛盤，佐上柴魚片和泡水去除辣味的白蔥。

靜置一晚讓豆腐泥更融合，口感密度也會更紮實

飛龍頭

180 日圓（未稅）

花費 3 小時充分擠出豆腐的水分，乾燥羊栖菜芽不泡水直接添入靜置一晚，
為的就是讓羊栖菜吸收豆腐泥的水分膨脹，使密度變高更紮實。
豆腐泥使用的蔬菜只有少量胡蘿蔔和青蔥，為色彩和風味稍作加分，為的也是讓豆腐漿本身能夠吸飽高湯的鮮味。

材料（1 次烹煮量、約 20 個份）

木綿豆腐…3 塊（1 塊 450g）
青蔥（蔥花）…40g
胡蘿蔔（切細絲）…40g
乾燥羊栖菜芽…20g
伊勢芋（磨泥）…50g
全蛋…2 顆
太白粉…適量
鹽…適量

沙拉油（炸油）…適量

＜上菜用（1 盤份）＞
飛龍頭　…1 個（90g）
2 番高湯…100cc

MEMO

乾燥羊栖菜芽不要泡水直接混入豆腐泥靜置一晚，能夠吸收多餘水分，避免飛龍頭無法成形。揉捏時要確實排出空氣，以防下鍋油炸後變形或破裂。

作法

>>> 準備作業

1 豆腐排在料理盤，放壓重物 3 小時，擠出水分。

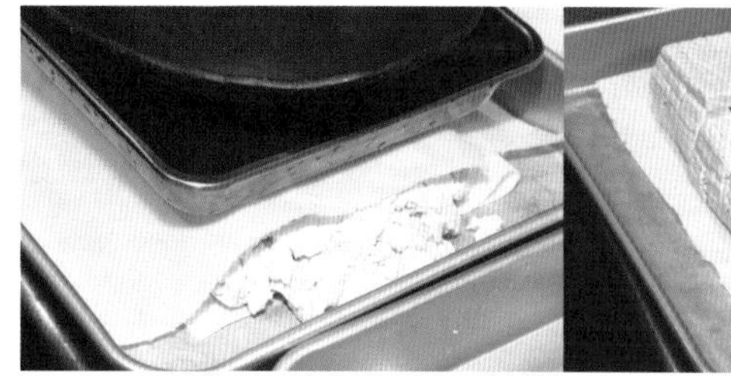

2 把豆腐移至料理盆，捏成膏狀。加入剩餘材料，全部拌勻，放入冰箱冷藏靜置一晚。

3 以捏漢堡排的方式，把靜置一晚的豆腐泥捏成圓形（1 個 90g）。

4 將3放入 180℃油鍋，邊炸邊翻面，讓整塊變金黃色，油炸約 3 分鐘。

5 4放涼，放入吧檯內放有 2 番高湯的關東煮鍋，加熱 1 小時使其入味。

>>> 上菜

6 5切半方便客人品嘗，連同 2 番高湯一起盛盤。

將番茄切碎品嘗，
最後就是和風義式蔬菜湯

用奶油和黑胡椒襯托出
萵苣特有的溫和甜味

照片裡包含了杏鮑菇、舞菇、金針菇

番茄 530 日圓（未稅）

考量必須燉煮處理，因此挑選尚未全熟偏硬的番茄。
為了讓高湯風味能更容易滲入番茄，還不能影響入口時的口感，要將番茄一個個小心汆燙去皮。
擺上嫩芽菜增添色彩，刻意保留整顆番茄的模樣上桌，
客人品嘗過程中，番茄的酸味與高湯會逐漸融合，呈現出和風義式蔬菜湯滋味

萵苣 400 日圓（未稅）

用滾沸的 1 番關東煮高湯快速汆燙萵苣，因為加熱時間短，保留了爽脆口感。
也因為只有稍作加熱，還能品嘗到比生菜狀態更明顯卻溫和的甜味。
上桌前佐以些許奶油增添濃郁度，黑胡椒的刺激風味亦是加分點綴，是相當受女性歡迎的菜餚。

烤菇關東煮 580 日圓（未稅）

菇類入鍋烹煮前先稍微炙燒變色。這樣不僅能適量蒸發掉水分，凝聚香氣，
用高湯燉煮後也能保留爽脆口感，最後擺上鴨兒芹就能上桌。
為了讓客人享受到菇類不同的口感與風味，會依季節和進貨狀況挑選 3 種菇類使用。
鮮味滲入其中的高湯亦是深獲好評。

柚子醋風味能襯托出
牡蠣濃郁芳醇的鮮味

四溢的肉汁和關東煮高湯實在美味，
大蒜能讓料理更下酒

牡蠣關東煮 780日圓（未稅）

每年冬季限定登場的高人氣關東煮。使用肥大的廣島產帶殼牡蠣，
烹煮的關鍵在於必須仔細控制火候與加熱時間，避免牡蠣縮水。
高湯裡加了少量柚子醋，淡淡的酸味能襯托出牡蠣的濃郁風味。
佐上蘿蔔粗泥、柚子皮、海帶芽，讓客人感覺就像是從牡蠣火鍋中取食享用。

餃子 420日圓（未稅）

為了和水餃作區隔，刻意選用薄水餃皮，就是另一種風格的餃子關東煮。
豬絞肉內餡的大蒜風味十足，確實捏緊後再以1番高湯煮過便可上桌。
佐上泡水去辣味的蔥花，就是道清爽的湯餃。
餃子皮夠薄，所以能享受到滑溜口感，肉汁與高湯的契合度更是讓人折服。

京生麩 400日圓（未稅）

將烹調方式會影響口感和化口程度的生麩放入1番關東煮高湯稍微煮過，
為的就是讓生麩糊裡頭素材的風味能和高湯具備的味道融合。
吸了些許高湯的生麩會變得Q彈，口感獨特。
這裡使用2種京生麩做搭配，分別是能品嘗到清爽滋味的艾草生麩和穀物獨特香氣會餘韻留存的小米生麩。

東京・
中目黑

AKABEKO

アカベコ

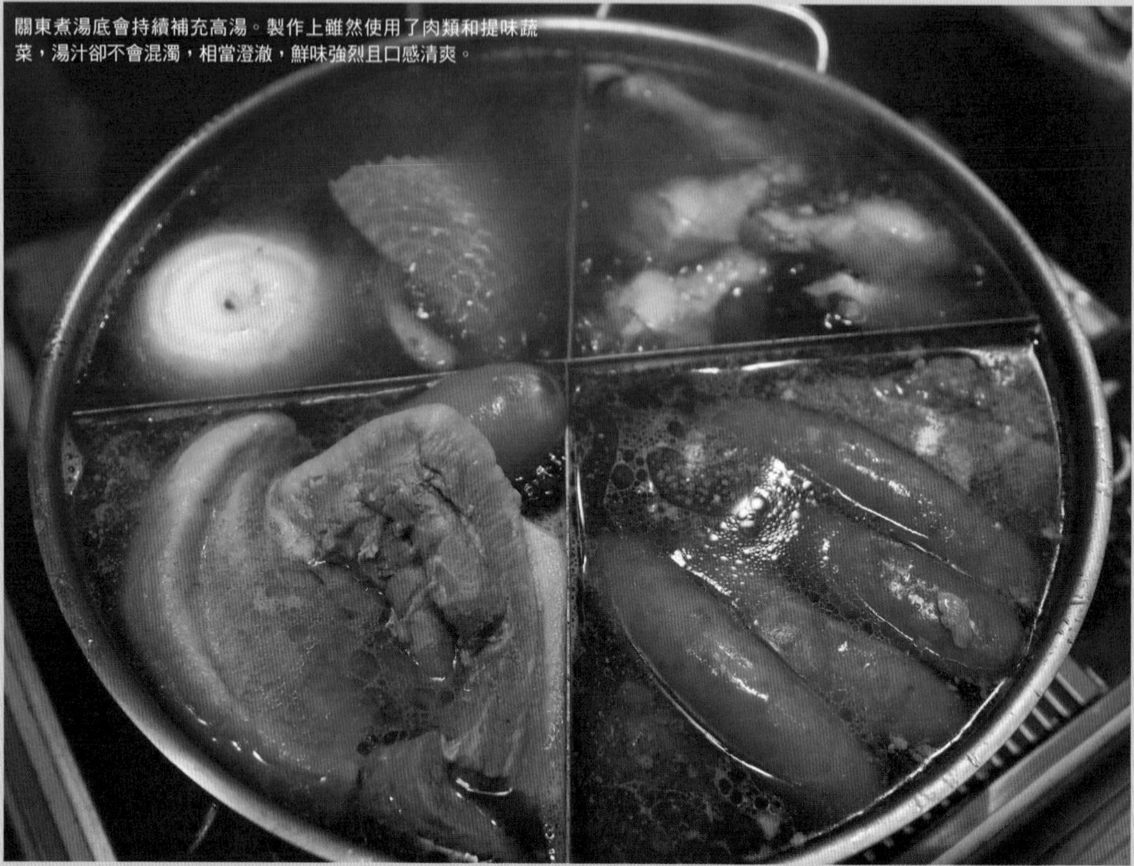

關東煮湯底會持續補充高湯。製作上雖然使用了肉類和提味蔬菜，湯汁卻不會混濁，相當澄澈，鮮味強烈且口感清爽。

『アカベコ』的MODERN ODEN

● 關東煮單點：300 ～ 500 日圓（未稅）

高湯所使用的肉類材料會作為關東煮上桌供客人享用。除了肉類，還有白蘿蔔、蕪菁等蔬菜及豆腐類關東煮。關東煮種類數精簡為 15 種左右，肉類價位介於 400 ～ 500 日圓，其他關東煮則是 300 日圓均一價。交由店家搭配的「關東煮拼盤」（1200 日圓）極為熱銷。

● 關東煮高湯：肉菜高湯

以前一天的關東煮高湯為基底，再加入肉類、提味蔬菜慢火熬煮製成。高湯裡的肉類會作為關東煮供客人品嘗，從牛頰肉、牛腱、仔牛小腿肉、豬五花、牛肚（蜂巢胃）、雞翅腿 6 種肉類中，每日挑選數種作輪替。調味只用鹽，因此能展現出肉與蔬菜的鮮味。

把肉和提味蔬菜慢火熬煮一整天，備好「肉類關東煮」用料，店家會將食材區分成營業用與備料用。

從義式鄉土料理誕生的
嶄新「肉類關東煮」

2014年3月在餐飲一級戰區，東京中目黑開幕的『アカベコ』。負責營運的Daruma Production（ダルマプロダクション）除了在東京代官山開設義式餐廳『Osteria Urara』，另有其他7間義式料理店和居酒屋，料理結合嶄新概念，擁有相當評價。本書介紹的『アカベコ』是專研肉類的餐飲店，招牌料理包含了使用日本國產牛舌的料理以及原創「肉類關東煮」。該公司代表董事的古賀慎一先生在義大利擁有豐富的料理修業經驗，店內的「肉類關東煮」便是參考皮埃蒙特大區（Piemonte）鄉土料理，人稱義式關東煮的「義大利什錦燉肉」（Bollito misto）開發而成。「Bollito＝水煮」、「Misto＝拼盤」。這道料理的食材以牛肉為主，還包含了其他部位的肉與蔬菜，並用慢火燉煮，再搭配綠莎莎醬（salsa verde）等多種風味紮實的醬料一起品嘗。古賀先生便將其與日本的關東煮結合，開發出獨創的「肉類關東煮」。「肉類關東煮」的高湯使用了牛頰肉、牛腱、仔牛小腿肉、豬五花、牛肚（蜂巢胃）、雞翅腿等肉類，以及洋蔥、芹菜、大蔥等提味蔬菜，裡面的肉類會直接當成關東煮上桌。提味蔬菜則是只取其風味，不會作為關東煮料理。另外，也包含了手工「鴨丸」、「香腸」、「白蘿蔔」、「豆腐」等關東煮。「肉類關東煮」除外的其他食材會先以添加味醂、醬油的柴魚高湯烹煮，接著再以關東煮高湯另行加熱後，才會上桌供客人品嘗。

「肉類關東煮」多半使用味道清淡的素材，配上能發揮素材本質的鹹味，但桌上還是擺放了客人可依喜好，自行添加的4種佐料，分別是柚子胡椒、黃芥末醬、辣油、自製辣味噌，種類包含中、西、日式。這些佐料不僅能更加襯托出食材風味，也能讓味道表現更亮眼，客人不會感到了無新意。店家不僅直接向佐賀的釀酒廠進貨地酒（譯註：使用在地原料生產的小批量酒），更引進日本各地的日本酒，為客人找來許多與「肉類關東煮」相搭的酒類。餐廳為兩層樓建築，一樓是圍繞著廚房，充滿臨場感的吧檯座位，二樓則是有圍爐坑（或稱圍爐裏），帶點高度，要鋪座墊的座位，用心營造的空間讓客人有賓至如歸的感覺。

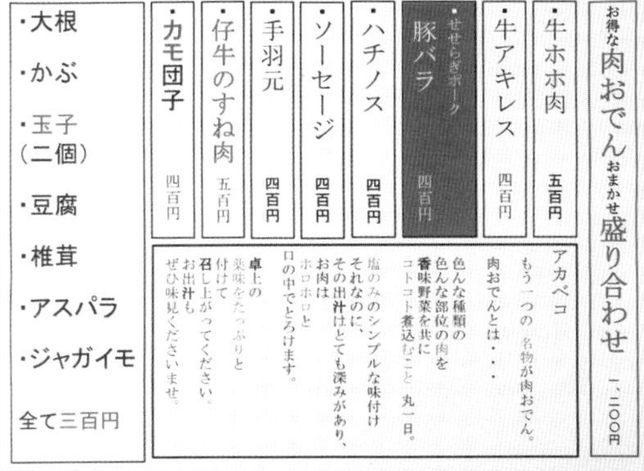

お得な肉おでんおまかせ盛り合わせ　一、二〇〇円

・牛ホホ肉　五百円
・牛アキレス　四百円
・せせらぎポーク 豚バラ　四百円
・ハチノス　四百円
・ソーセージ　四百円
・手羽元　四百円
・仔牛のすね肉　五百円
・カモ団子　四百円

アカベコ
もう一つの　名物が肉おでん。
肉おでんとは・・・
色んな種類の
色んな部位の肉を
香味野菜を共に
コトコト煮込むこと　丸一日。
塩のみのシンプルな味付け
それなのに、
その出汁はとても深みがあり、
お肉は
ホロホロと
口の中でとろけます。
卓上の
薬味をたっぷりと
付けて
召し上がってください。
お出汁も
ぜひ味見くださいませ。

・大根
・かぶ
・玉子（二個）
・豆腐
・椎茸
・アスパラ
・ジャガイモ
全て三百円

精選關東煮種類，價位設定也一目瞭然。菜單裡也提及了肉類關東煮的作法。

獨棟兩層樓的店鋪。廚房設置在一樓中央，被吧檯座位環繞，讓氛圍更顯熱絡。冬天還能將部分座位調整成暖桌型式，客人會覺得既獨特又有趣。

關東煮本身的味道多半較單純，客人可依喜好搭配餐上擺放的4種佐料品嘗，最推薦照片左邊店家自製的辣味噌。

SHOP DATA

＜地址＞東京都目黑区上目黒2-12-3
＜電話＞03-5794-8283
＜營業時間＞午餐：11:30～14:30、晚餐：週日～周四 18:00～24:00；週五、週六、假日前夕18:00～01:00
＜店休日＞新年、年底　＜規模＞22坪、50人
＜預算＞午餐：800日圓、晚餐：4500日圓
＜HP＞http://darumapro.co.jp/

山椒香氣成了點綴！
滑順口感也非常有魅力

鴨肉丸

400 日圓（未稅）

使用鴨里肌肉，加入大和芋、大蔥、雞蛋自製的手工肉丸，以關東煮來說算是較為少見。
鴨肉不帶腥味，卻有一股獨特鮮味，相當獲得好評。肉漿充分揉捏後的口感滑順，山椒粉則扮演著點綴的角色。
先用關東煮高湯稍微燙熟備用，開店後再放入關東煮鍋加熱。

材料（35 個份）

鴨里肌粗絞肉…1kg
大蔥（切末）…300g
大和芋（磨泥）…100g
全蛋…1 顆
鹽…12g
粉山椒…適量
關東煮高湯（參照 P.195）…適量
白蔥（蔥花）…適量
萬能蔥（蔥花）…適量

MEMO

鴨里肌絞肉加鹽，充分搓揉直到產生黏性。搓揉程度不夠會較難捏出丸子形狀，口感也相對乾鬆。

作法

>>> 準備作業

1 鴨里肌絞肉加鹽，用手搓揉。

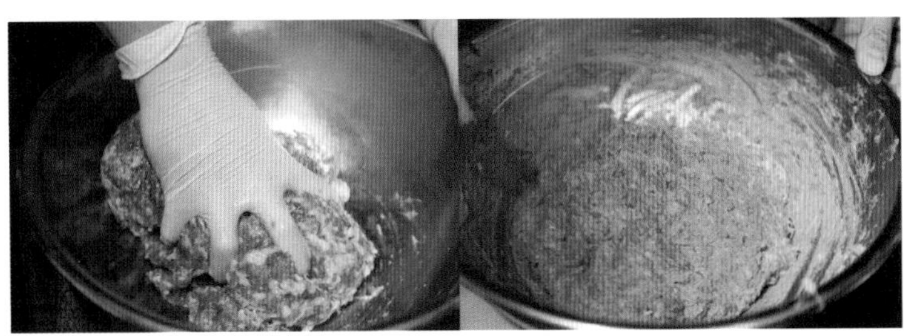

2 依序加入大蔥蔥末、大和芋泥、全蛋，繼續拌勻，接著加入山椒粉調味。

3 滾沸關東煮高湯，把漿料捏成乒乓球大小的圓形，放入鍋中，稍作烹煮並撈取浮沫。待內部加熱變熟後，從鍋中撈起。放涼後置於冷藏存放，隔天使用。開店後將丸子放入溫熱高湯裡加溫使其變熱。

>>> 上菜

4 將3盛盤，倒入關東煮高湯，擺放白蔥、萬能蔥作裝飾。

自製辣味噌

使用豆瓣醬與韓式辣椒醬，搭配中式手法，就能呈現出蒜味十足的濃郁滋味。

材料（1 次烹煮量）

大蒜（切末）…250g
麻油…325 g
仙台味噌…1 kg
韓式辣椒醬…400g
白味噌…200g
上白糖…120g
酒…400g
豆瓣醬…400g

作法

1 製作蒜油。大蒜加入麻油中，加熱，變色後熄火放涼。

2 將1的蒜油、仙台味噌、韓式辣椒醬、白味噌、上白糖、酒、豆瓣醬拌勻。

完美的肉類關東煮呈現！
紅肉滋味深獲好評的一道料理

富含大量膠原蛋白，
黏滑口感亦是另一種嶄新魅力

能享受到牛肚獨特口感與鮮味的
內臟關東煮

牛頰肉 500 日圓（未稅）

以鹽味關東煮高湯慢火燉煮牛頰肉的一道佳餚。
牛頰肉是燉煮料理相當常用的部位，充分燉煮後會變得非常軟嫩，幾乎能在口中化開，卻仍保留明顯的紅肉風味，
以「肉類」關東煮來說，可是廣獲好評。

牛腱 400 日圓（未稅）

把富含膠原蛋白，常見於燉煮料理的牛腱肉作為關東煮食材。
牛腱肉長時間熬煮後，不僅口感黏滑軟嫩，口感表現更是餘韻留存。
食材本身的味道清淡，不過吸收極具深度的高湯風味後，美味程度也跟著增加。

牛肚 400 日圓（未稅）

牛的第二個胃，同時也是常見於法式或義式料理的內臟—蜂巢胃。
以關東煮高湯燉煮得恰到好處，充分發揮蜂巢胃獨特的口感與鮮味。
由於內臟較容易有腥味，所以要和其他肉類關東煮分開備料，
先連同蔥和生薑一起汆燙、水洗後，再和其他肉類關東煮一起放入關東煮高湯燉煮。

紅肉和膠質兼具魅力的
小腿肉關東煮

保留豬五花的深度
卻又能享受到爽口滋味

仔牛小腿肉 500 日圓（未稅）

仔牛小腿肉常見於西式燉煮料理，屬於高級食材。
慢火燉煮後，能同時享受到膠質變軟，口感高尚具深度的紅肉肉質，膠質在口中化開的口感。
燉煮所使用的關東煮高湯非常單純，只用鹽調味，所以更能襯托出食材纖細的滋味。

「潺」豬五花肉 400 日圓（未稅）

這裡使用了不帶腥味，肉質柔軟的群馬縣產品牌豬「上州潺豬」（上州せせらぎポーク）五花肉，
品牌豬名直接放進料理名稱裡，增加吸睛度，將整塊五花肉慢火熬煮，煮到肉質軟嫩，卻又保留適度鮮味。
因為燉煮使用了關東煮高湯，料理本身不僅兼具豬五花應有的深度，風味也相當爽口。

雞翅腿 400 日圓（未稅）

考量了會使用關東煮高湯烹煮，於是選用雞肉中較容易展現出鮮味的帶骨雞翅。
慢火熬煮後，肉質會變得非常鬆柔，就連膠質也是軟嫩到入口即化。
每份共有 3 塊雞翅腿，要讓客人覺得這樣的關東煮份量感十足，CP 值也很高。

東京・銀座

ITAMAE BAR

板前バル 銀座八丁目店

店內基本上會準備 6 ～ 7 種飛魚高湯烹煮後滋味更有深度的關東煮，擺放在位於吧檯前的電熱式關東煮鍋裡。

『板前バル』的 MODERN ODEN

● 關東煮單點：130 ～ 220 日圓（未稅）

除了有白蘿蔔、雞蛋、蒟蒻等招牌食材，每月還會輪替季節性關東煮。舉例來說，入春會有油菜花飛龍頭、入夏會有章魚、秋天是蕪菁封肉，冬天則有牡蠣或蟹丸等。這全部都是職人以精準眼光嚴選的當季食材，製作成發揮食材本身風味的關東煮。

● 關東煮高湯：飛魚高湯

旗下各店鋪雖然都是使用飛魚高湯，但配比可自由調整。銀座八丁目店採用獨創配方，會在基底的 1 番高湯混入飛魚柴魚片、荒節柴魚柴魚片和昆布，熬成湯後再追加些許鮭魚柴魚片，因此湯頭最大特色在於能感受到淡淡的濃郁滋味和甜味。

負責監製『板前バル』料理的是 CANVAS 總廚師長高木雄一先生，不斷改良精進關東煮菜單。

飛魚高湯的風味與食材滋味
徹底展現職人技術的關東煮

將日式料理職人具備的精湛調理技術，結合酒吧的華麗設計，以獨創風格開展 9 間店鋪的『板前バル』。店家發揮職人才有的眼光，挑選優質食材，以合理價格提供多元的日式創意料理，所以相當受上班族青睞。

『板前バル』關東煮的特色，在於使用了日文俗稱「あご」的飛魚製柴魚片。集團母公司 CANVAS 的代表本間保憲先生為山形縣酒田市人，該城市沿海，自古便有喝飛魚湯的習慣，於是『板前バル』開發出飛魚高湯，希望完全展現出其魅力。

其中，『板前バル』的銀座八丁目店除了炎夏之際，其他季節會隨時供應關東煮，標榜「日本料理師傅所講究的關東煮」，甚至力推成主打菜單之一。關東煮高湯採用獨家配方，還會在高湯裡追加鮭魚柴魚片，讓湯頭澄澈清爽，卻又兼具濃郁和鮮明的滋味。

搭配關東煮的高湯風味強烈，於是店家選擇能發揮優質食材滋味的烹調手法，單純、不過度加工。以牛筋為例，店內的烤物菜單就很大手筆地使用了藏王牛。店家不僅會把當季海鮮直接作為關東煮食材，也會做成漿丸類，讓客人同時享受到食材與高湯的美味。此外，店家還會在漿料加入鮮奶油提味，增添濃郁度及甜度，若不是對和食透徹了解的日本料理師傅，應該很難做出如此具深度的關東煮。

『板前バル』其實還有一個特色，就是會積極地與客人互動。一般的日式料理店多半會秉持沉默寡言的接客態度，但『板前バル』的職人會積極地向來客說明食材、烹調手法等料理的賣點和講究之處。店家除了會在營業時將關東煮鍋擺在吧檯前方，吸引客人目光，對於離關東煮鍋較遠的餐桌也會在客人入座，點完飲料時，順便告知客人「今天的精選關東煮是…」，飛魚高湯的關東煮只在『板前バル』吃得到，因此深得客人青睞。

最受歡迎關東煮食材一應俱全的「6 種拼盤」，價格比每樣逐一單點的總金額便宜些。照片裡包含了季節限定的牡蠣和海老芋。

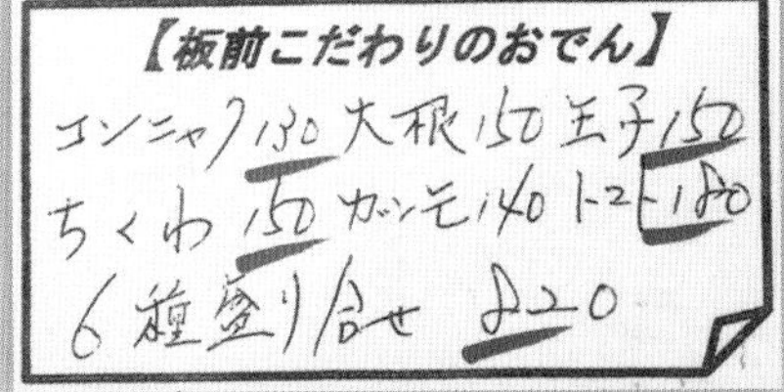

菜單裡絕對少不了蒟蒻、白蘿蔔、雞蛋這三樣人氣關東煮。另外還有每日或每月會做替換，使用了當季食材的關東煮或漿丸類創意料理。

平日客群主要為 30～50 歲上班族，週末則以外出購物客為主。開放式廚房周圍裝設了華麗熔飾，讓來客能將目光專注在職人身上。

SHOP DATA

＜地址＞東京都中央区銀座 8-10-5 第 4 秀和ビル 1F
＜電話＞ 03-3571-4735
＜營業時間＞週一～週五、假日前夕 17:00 ～隔天 04:00、週日、假日：15:00 ～ 23:00、週六 15:00 ～隔天 04:00
＜店休日＞無　＜規模＞ 38 坪、80 人　＜預算＞ 4000 日圓

採用職人等級的鑲入技法，
賦予番茄關東煮全新魅力！

番茄

200日圓（未稅）

這道番茄關東煮採用鑲入技法，不僅展現了職人技法，也非常符合店家對料理的設定。
先以茶巾綁法（茶巾絞り）用保鮮膜包裹，再放入蒸籠加熱，就能避免番茄果肉散開，成品形狀會更漂亮。

材料（1 次烹煮量、10 盤份）

中型番茄
（盡量挑選 AMELA 等甜味較強烈的品種）…10 顆
太白粉…適量

<漿料>
雞絞肉…1kg
全蛋…2 顆
紅味噌…少許
鮮奶油…90cc
白砂糖…適量
山藥（磨泥）…100g
大蔥（蔥花）…3 根
生薑（磨泥）…少許

鰹魚高湯（參照 P.197）…2800cc
淡口醬油…280cc
味醂…280cc

<追加用柴魚>
飛魚柴魚…36g
鮭魚柴魚…14g
荒節柴魚…14g
昆布…10g

MEMO

番茄的纖維很細，和其他關東煮長時間燉煮的話會溶化掉，所以要單獨烹調，用高湯稍微汆燙後，立刻放涼。

作法

>>> 準備作業

1 番茄汆燙去皮，挖掉中間的果肉，撒上太白粉備用。

2 製作漿料。混合所有材料，塞入番茄中。

3 以茶巾綁法將番茄一顆顆用保鮮膜包裹，排入已在冒蒸氣的蒸籠裡，以大火蒸 3 ～ 5 分鐘。

4 番茄放涼，拿掉保鮮膜，放入鍋中。把所有柴魚、昆布包入萬用料理紙裡，接著放在上方，蓋住番茄。

5 混合鰹魚高湯、淡口醬油、味醂並加熱。

6 5煮滾後，倒入4的鍋中，以微滾的小火候煮 5 ～ 6 分鐘便可熄火。置於常溫放涼。開店前再放入關東煮鍋加熱。

>>> 上菜

7 從關東煮鍋撈出番茄盛盤，澆淋高湯。

做成魚丸
能充分享受到白子的滑順口感

鱈魚白子丸

200日圓（未稅）

直接展現白子（精囊）的滑順口感，做成彷彿在舌頭化開消失的丸子關東煮。
添加鮮奶油後，味覺呈現上也變得更鬆軟柔和。
如果能夠取得肉質緊實，當季捕獲的大尾太平洋鱈，不妨直接切成魚塊做成關東煮，亦是一種享受。

材料（1 次烹煮量、12 盤份）

<魚丸漿>
鱈魚精囊（過篩網刮成泥）…150g
鱈魚（魚漿）…325g
鮮奶油…50cc
昆布高湯…4050cc

鰹魚高湯…360 cc ×28 杯
淡口醬油…360 cc
味醂…360 cc

<追加用柴魚>
飛魚柴魚…130g
鮭魚柴魚…50g
荒節柴魚…50g
昆布…20g

MEMO

魚丸漿質地很軟，捏成魚丸時建議準備比雞肉丸更多的份量。

作法

>>> 準備作業

1 製作魚丸漿。把鱈魚白子（精囊）、魚漿放入磨泥缽中研磨混合，加入鮮奶油和昆布高湯（50cc）。

2 所有材料混合均勻後，用手掌取適量魚丸漿捏成圓形，再用湯碗蓋和手掌把魚漿壓成橄欖球的形狀。

3 鍋中倒入昆布高湯（4000cc）煮滾，放入2。魚丸浮起約莫是 7 分熟的程度，這時要再繼續汆燙十多秒鐘，接著用濾網撈起，放涼到不會燙手。

4 將3和其他關東煮一起擺入大鍋子，把所有柴魚、昆布包入萬用料理紙裡，接著放在上方，蓋住食材（參照 P.197）。

5 混合鰹魚高湯、淡口醬油、味醂並加熱。

6 煮滾後，倒入4的鍋中，從中火轉至小火燉煮 40 ~ 50 分鐘，收乾湯汁。接著再倒入關東煮鍋。

>>> 上菜

7 從關東煮鍋撈出鱈魚白子丸，盛盤，澆淋高湯。

牛腿肉的鮮味與入口即化的口感
都是精髓所在

藏王牛筋

220 日圓（未稅）

「藏王牛」是生長於宮城與山形兩縣交界處的品牌和牛，常做成烤牛肉或炸牛排料理。
這裡則是從 5kg 的牛腿肉塊上，大幅切取厚度較厚，重量約 1kg 的牛筋作使用。
汆燙後再換水汆燙，煮到牛筋變軟，口感軟嫩到幾乎能在嘴巴化開，享受到腿肉鮮味凝結的美味。

材料（1 次烹煮量、16 盤份）

牛筋（藏王牛）…1kg
水…適量
鰹魚高湯…3920cc
淡口醬油…140cc
味醂…140cc

<追加用柴魚>
飛魚柴魚…54g
鮭魚柴魚…21g
荒節柴魚…21g
昆布…10g

MEMO

牛筋和白蘿蔔這類較硬的食材要好吃，關鍵在於烹調加熱的程度，必須在前置作業階段就把食材煮軟。當然也可以依喜好和其他關東煮一同炊煮。牛筋會滲出大量牛脂，務必頻繁並仔細撈除。

作法

>>> 準備作業

1 鍋中倒水，放入牛筋，開火加熱。汆燙後倒掉湯汁並水洗。重複此步驟 2 ～ 3 次。

2 以中火持續燉煮 3 小時，直到牛筋變得夠軟。

3 將燉煮到軟嫩的牛筋切成適口大小，做成肉串，每串約 60g，擺入鍋中。把所有柴魚、昆布包入萬用料理紙裡，接著放在上方，蓋住食材。

4 混合鰹魚高湯、淡口醬油、味醂並加熱。

5 煮滾後，倒入3的鍋中，以中火烹煮 40 ～ 50 分鐘。置於常溫放涼，撈掉凝固的油脂，接著倒入關東煮鍋。

>>> 上菜

6 從關東煮鍋撈出牛筋，盛盤。

增添手工才有的美味，
用當季食材做變化

手工自製飛龍頭

140 日圓（未稅）

說到關東煮，當然少不了漿丸類的飛龍頭，『板前バル』的飛龍頭加了鮮奶油，不僅風味豐富還帶甜。另外，飛龍頭的漿料還會結合當季食材，像是春天會用油菜花、秋天會有菊花或銀杏，呈現季節感的同時，又能讓飛龍頭變化更多元。

材料（1 次烹煮量）

木綿豆腐…2 塊
水…適量
山藥（磨泥）…140g
胡蘿蔔（切細絲）…1/2 根
羊栖菜（浸水泡開）…100g
鮮奶油…50cc
蛋黃…2 顆
熟白芝麻…20g
麻油…少許
白砂糖…少許
沙拉油（炸油）…適量

柴魚高湯…360 cc ×28 杯
淡口醬油…360 cc
味醂…360 cc

＜追加用柴魚＞
飛魚柴魚…130g
鮭魚柴魚…50g
荒節柴魚…50g
昆布…20g

MEMO

想要飛龍頭能是漂亮的圓形，訣竅在於漿料要靜置一整天，以及用冰淇淋杓挖取並慢慢下油鍋。
漿料加鮮奶油可以增添淡淡甜味，以麻油、砂糖來提味也能讓整體風味更融合。

作法

>>> 準備作業

1 板豆腐用水汆燙，以濾網撈起後，放壓重物 1 ～ 2 小時，擠出水分。接著過篩網刮成泥。

2 將1、山藥泥放入料理盆拌勻。攪拌均勻後，再依序加入鮮奶油、蛋黃、熟白芝麻充分攪拌。

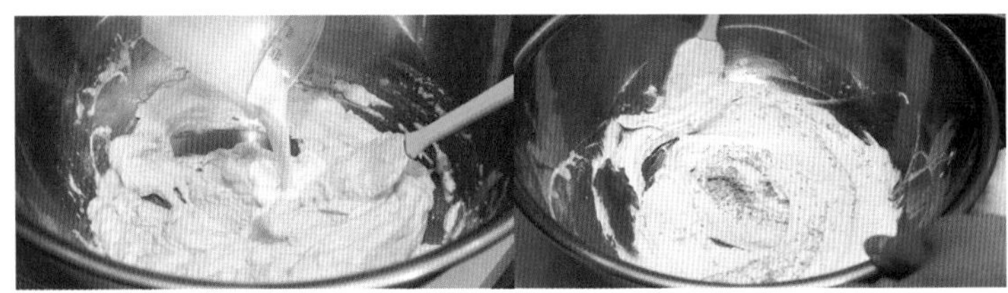

3 將胡蘿蔔絲、羊栖菜加入2，再加點麻油、白砂糖提味。

4 不斷攪拌直到漿料產生黏性，靜置冰箱冷藏一晚。

5 用小料理盆裝取麻油（份量外），冰淇淋杓浸入其中。用左手拇指和食指框出圓形，捏揉4並塑型，擺入右手的冰淇淋杓，塑整成圓形。

6 5放入 160 ～ 170℃油鍋，炸到變成漂亮的金黃色。

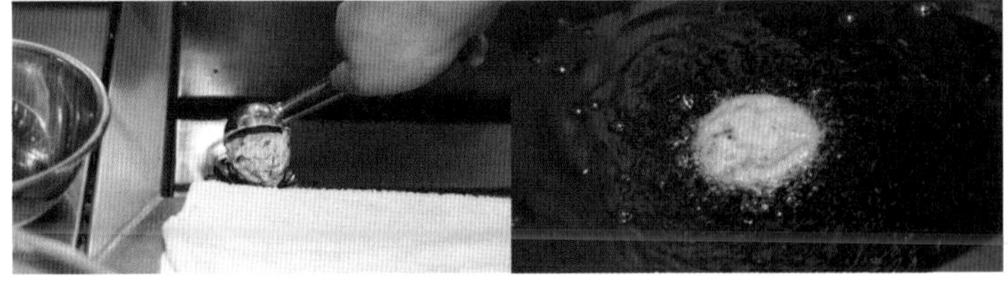

7 將6和其他關東煮一起擺入大鍋子，把所有柴魚、昆布包入萬用料理紙裡，接著放在上方，蓋住食材（參照 P.197）。

8 混合鰹魚高湯、淡口醬油、味醂並加熱。

9 煮滾後，倒入7的鍋中，從中火轉至小火燉煮 40 ～ 50 分鐘，稍微收掉湯汁。接著再倒入關東煮鍋。

>>> 上菜

10 從關東煮鍋撈出飛龍頭，盛盤，澆淋高湯。

東京・
池袋

WAGALICO TORA

和GALICO寅

老闆杉山亮先生（右）與店長森田真實先生（左）。綽號分別為阿寅和TAMO。店鋪很小，只有6坪、15個座位，不過平日可以翻桌2次，週末更可達4次，人氣非常旺。

『和GALICO寅』的MODERN ODEN

● 關東煮單點：380～480日圓、650日圓（未稅）

和其他什麼關東煮都賣的專賣店不太一樣，『和GALICO寅』的「關東煮」比較像是一道正規料理。像是食材成本達售價6成的招牌料理「肥肝蘿蔔」（650日圓），以及季節推薦料理「酒粕味噌俵煮」（380～480日圓，價格依食材調整），基本上會提供2種關東煮。

● 關東煮高湯：綜合高湯

店家是將飛魚、沙丁魚、鰹魚、鯖魚製成的柴魚，以及香菇分別磨粉，取等比例的份量放入濾紙包，接著放入昆布高湯煮滾。放置1小時後，再加點鹽調味。這樣高湯的風味會比一般的鰹魚或昆布高湯來得更多元，美味中又夾帶著各種材料的鮮味。

「高湯溫酒（綜合）」（600日圓）。在高湯裡加入燒酒的冬季熱銷酒品，裡頭放了南高梅、昆布、鰹魚片。

知名招牌菜為肥肝蘿蔔！把創意關東煮放入酒場菜單

立處東京池袋繁華街道之外卻又門庭若市，主打野味料理（Gibier 料理）和日本酒的就是『和 GALICO 寅』了。店家直接跟能夠專業處理山豬、鹿、雉雞、鵪鶉、兔子、獾的獵人或養雞場購買野味，為客人提供壓低成本的菜餚。「肥肝蘿蔔」是與「味噌滷野味」同列二大名菜的料理。

「肥肝蘿蔔」帶來的商品衝擊力深獲好評，甚至會讓你不再糾結「為什麼野味餐廳會賣肥肝？」。店家把人稱「世界三大珍饈」之一的肥肝與經典關東煮的白蘿蔔搭配，打造出發揮各自優點的最佳組合。

當初就是想說要把高檔食材放入平價的酒場菜單中，於是參考了高級割烹料理店的菜單，開發出這道肥肝蘿蔔料理。白蘿蔔本身的味道清淡，不過吸飽關東煮高湯後，就會變得滋味豐富，再搭配上以日式料理的西京漬手法處理過的濃郁肥肝。肥肝油脂和味噌實在契合。考量白蘿蔔要與肥肝搭配，須避免白蘿蔔吸附高湯後味道變得太重，因此關東煮高湯的鹽度也有刻意減淡。結合這些對比強烈的食材，展現出非預期的相搭性，成了一道下酒的佳餚。

『和 GALICO 寅』還有一道名叫「酒粕味噌俵煮」的福袋關東煮，豆皮裡塞了當季食材，充滿季節氛圍。關東煮原本是會讓人聯想到「冬天」，季節感強烈的食物，但運用不同的當季食材，營造四季差異，就成了一整年都能品嘗到的菜單。店家會在福袋裡塞入銀杏、白身魚、菇類、大蔥、白子（精囊）等食材。白子有時會換成鮟鱇魚肝，春天時也會換成蝦子。白身魚則是挑選鱈魚、真鯛、鱸魚等當季魚類，菇類則包含了金針菇和滑菇，¬偶爾都會換搭不同的美味食材。擺上起司片，放入微波爐加熱，再淋上用酒粕和白味噌製成的醬汁。這兩道關東煮非常適合和日本酒或葡萄酒一起品嘗。

『和 GALICO 寅』還提供了烤野味、炸野味肉排、炸肉塊等酒場風味料理。日本酒包含了 20 款冷酒、8 款氣泡酒及 4 ～ 5 款常溫酒，多半是和野味料理很搭的餐中酒。

店家把基本料理和每日精選全放在同一張菜單裡。人氣的野味料理價格多半千圓有找。

連同店門口的戶外席，廚房被ㄇ字型的吧檯座位圍繞，無論坐在哪個位子都能享受十足的臨場感。店內也備有餐桌座位。

「味噌滷野味」（400 日圓）。將山豬肉、鹿肉、綠頭鴨3種切剩的碎肉用來做成味噌燉滷料理。味噌是取紅味噌6、白味噌4的比例，再加入韓式辣椒醬、昆布茶調製而成，口感既濃郁又美味。

SHOP DATA

<地址>東京都豊島区池袋 2-58-9 清水ビル 1F
<電話> 070-1319-7406
<營業時間>週一～週六：17:00 ～隔天 2:00、週日：17:00 ～ 24:00
<店休日>無（每年會有 2 次的臨時店休）
<規模> 6 坪、15 人　<預算> 3000 ～ 3500 日圓

跟葡萄酒或日本酒都是絕配
和洋折衷的「最強」關東煮

肥肝蘿蔔

650 日圓（未稅）

西京漬風味的濃郁肥肝，還有以多種鮮味的綜合高湯慢火熬煮的白蘿蔔。
兩者的契合度很適合佐上葡萄酒或日本酒，而料理本身的包容度十足，和其他任何酒類也都很相搭。

材料（1盤份）

白蘿蔔（已削皮）…200g
水…適量
肥肝…50g
鴨兒芹…適量
水菜…適量
萬能蔥…適量
西京味噌＊…適量
綜合高湯（參照 P.199）…適量

MEMO

白蘿蔔削皮後的重量設定每塊200g，為了呈現出高度，要挑選較細的蘿蔔。把剛汆燙起鍋的蘿蔔浸入冰涼的綜合高湯，能讓高湯滋味快速滲入蘿蔔裡。

作法

>>> 準備作業

1 切蘿蔔，蘿蔔高度要夠，削皮。修整邊角，上下兩面都畫入十字刀痕。放入熱水汆燙變軟，讓竹籤能迅速插入。

2 把蘿蔔放入冰涼的綜合高湯，讓蘿蔔入味。

3 西京味噌加點高湯稍作稀釋。

4 肥肝切成 50g 塊狀。

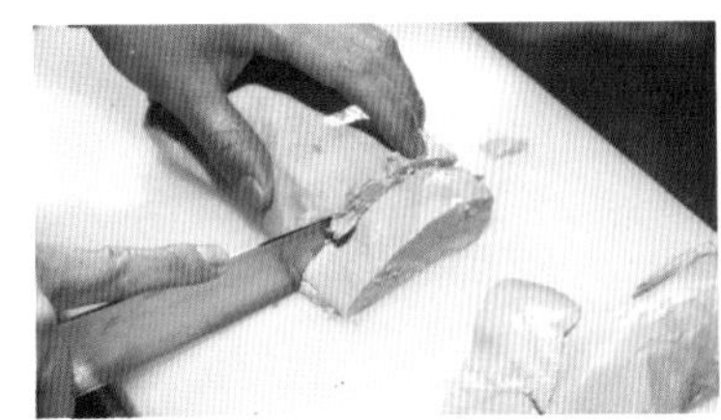

5 在容器塗抹3，擺入肥肝後再塗抹一次，靜置一晚，作成味噌醃肥肝。

>>> 上菜

6 把5放入平底鍋，以中火烹調兩面，將內部加熱。

7 取2的蘿蔔和綜合高湯，放入小鍋子加熱。將蘿蔔盛盤，倒入高湯，擺上6，再以鴨兒芹、水菜、萬能蔥裝飾。

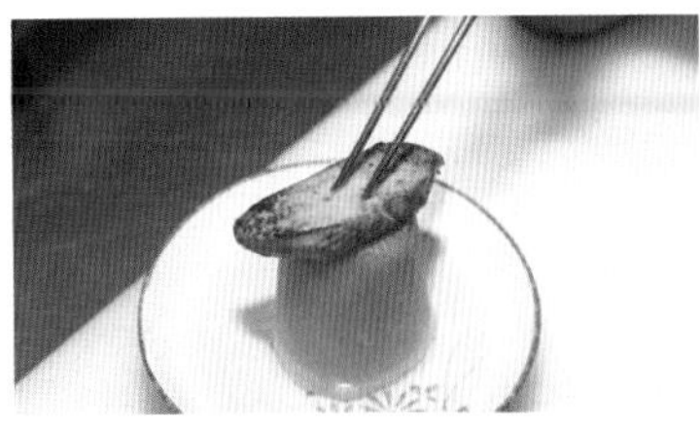

＊西京味噌

材料（1次烹煮量、肥肝 5kg）

白味噌…450g　砂糖…220g　酒…150g　味醂…150g

作法

1 把白味噌、砂糖、煮到酒精蒸發的酒、味醂拌勻。

當季的素材、濃郁的醬汁和起司
大大提升料理附加價值

酒粕味噌俵煮

380 日圓（未稅）

在豆皮裡塞入白身魚、白子（精囊）、銀杏、菇類等當季食材，做成充滿季節感的俵煮關東煮。
濃郁的醬汁和起司片能讓味道更具衝擊性，因此俵煮本身清淡調味即可。
點綴用的鮭魚卵能增添色彩，無論視覺、食材選用上都比一般的福袋關東煮更具料理性，成了高附加價值的一道佳餚。

材料（1盤份）

豆皮 …1/2 片
大蔥…10g
<材料A>
　銀杏…2 顆
　白身魚（鱈魚）…15g
　菇類（滑菇）…10g
　白子…15g
　牡蠣…10g

<俵煮湯底（按比例）>
　水…300g
　濃口醬油…10g
　味醂…10g
　綜合高湯粉（飛魚、沙丁魚、鰹魚、鯖魚製成的柴魚和香菇粉等比配製而成）…2g

俵煮醬汁＊…適量
起司片…1 片
鮭魚卵…適量
配色用綠色蔬菜…適量

MEMO

寒冷冬天會想要吃比較濃稠的料理，所以會加上起司片增添濃郁美味。酒粕、白味噌和起司都很相搭，能為濃郁度加分。建議搭配酒體飽滿的葡萄酒，或層次鮮明的日本酒享用。

作法

>>> 準備作業

1 豆皮汆燙去油，對切成半，中間剝開。大蔥切成短條狀後，稍作加熱。視情況將材料 A 切成適口大小。

2 把1的大蔥與材料 A 塞入豆皮，用牙籤固定。

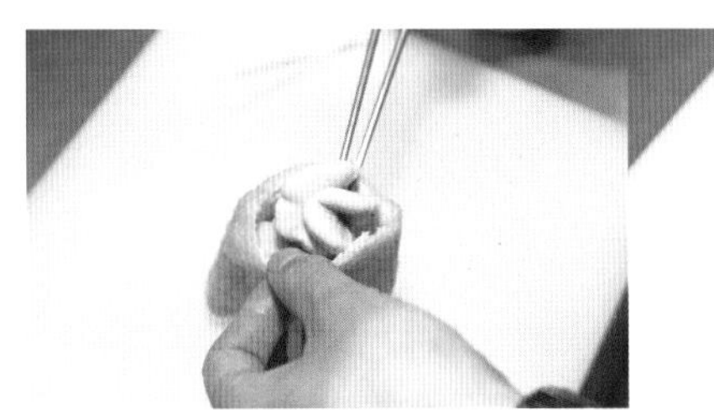
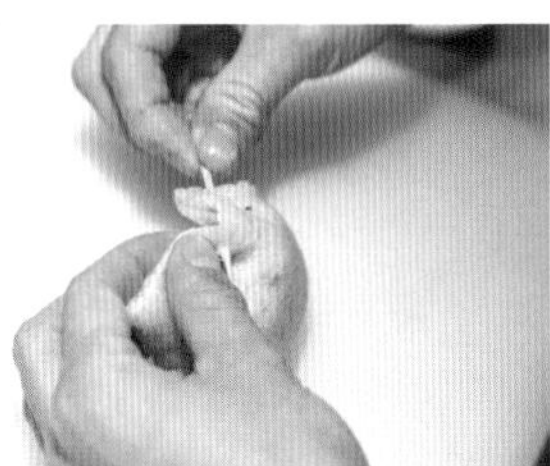

3 將2鋪入鍋中，加入依照材料比例規定配製的湯頭，要差不多能蓋過食材，開火加熱。滾沸後轉中火，繼續烹煮 5 分鐘。

>>> 上菜

4 將3盛盤，抽掉牙籤，擺上起司片，蓋上保鮮膜，放入微波爐加熱。

5 在4澆淋俵煮醬汁，佐上鮭魚卵、配色用綠色蔬菜。

＊俵煮醬汁

材料（1次烹煮量）

俵煮湯底…100g
酒粕…20g
白味噌…10g

作法

1 將俵煮用湯頭倒入鍋中加熱，加入酒粕、白味噌攪拌融化，煮滾後轉小火，繼續烹煮 2 分鐘，熄火。

KASHIMIN

東京・
丸の内

おでん かしみん

店鋪入口擺了一只特別訂製的關東煮鍋。大鍋子的直徑達 1.2 公尺，非常壯觀，裡面隨時擺有 25 種的關東煮食材加熱烹煮。

『かしみん』的 MODERN ODEN

● 關東煮單點：280 ～ 460 日圓（含稅）

共有 39 種關東煮。除了有店內名物「特選雞串關東煮」，雞蛋更精心選用佐賀縣產的凡爾賽蛋（ヴェルサイユ卵），另外還有靈感來自卡布里沙拉的番茄關東煮，種類非常多元豐富。雞串關東煮上菜時會使用專用鍋，雞肉丸和海帶芽則會用土瓶蒸的容器，對於呈現方式也相當講究。

● 關東煮高湯：雞湯

店內關東煮高湯的特色在於使用富含膠質的雞湯。店家精選九州產地雞的雞骨架、雞翅、提味蔬菜耗時一天慢火熬煮，再以醬油調味。湯頭看起來雖然白濁，嘗過才知既清淡卻又濃郁，也讓店家獨創的美味雞湯深獲好評。

店家會隨時確認以雞骨架高湯烹煮入味的「雞湯關東煮」，再提供客人享用。

溫和滋味與個性派大集合！全新魅力的「雞湯關東煮」

2011 年 3 月落腳在東京丸之內商業設施的『おでんかしみん』是由跨足多類型餐飲店的 salt consortium 所開設的關東煮店。該集團不只經營串燒店，旗下更有主打七輪炭燒雞的『焼鶏あきら』，以及『水炊きしみず』、『名古屋コーチン親子丼 西しみず』等提供雞肉料理的人氣餐廳。『かしみん』便是 salt consortium 活用其中訣竅所開設的「雞湯關東煮店」。「雞湯關東煮」的新穎美味在客人口耳相傳下深獲好評，店鋪更是連日門庭若市。

展現風味主體的關東煮高湯是參考水炊鍋製成的「雞湯」，擁有獨特魅力。店家把雞骨架、雞翅、提味蔬菜耗時一天慢火熬煮，做出了富含膠質的雞湯，以醬油調味，讓味道既清爽，卻又濃郁具深度。

「雞湯關東煮」的食材裡還包含了俗稱「雞骨盆肉」或「雞牡蠣」（譯註：位於雞腿與背部連接處的小區域肉塊）。以雞隻各個部位組合成的「特選雞串關東煮」更是店家名菜，另外也有漿丸類、蔬菜等招牌關東煮，以及靈感來自卡布里沙拉的創意番茄關東煮，種類非常多元豐富。基本料理有 39 種，另還包含 2 ～ 3 種季節性料理。店家會把關東煮擺滿整個專用鍋，並以七輪炭火爐加熱，對如何上菜十分講究，希望客人隨時都能品嘗到熱騰騰的美味。

店家更將獨創雞湯與雜炊、親子丼、拉麵等「結束一頓飯」的料理做結合，另也開發了「關東煮高湯涮雞」、「滷高湯拉麵」等，同樣使用雞湯，相當有自我特色的非關東煮料理。

與「雞湯關東煮」同列店內名菜的「名物炭火雞料理」也是店家的主打品項，像是「炭燒帶骨雞腿排」等豪邁的雞肉料理都非常有人氣。當然也少不了「滷雞筋」、「自製雞肉甜不辣」佳餚，與「雞湯關東煮」一起供客人品嘗享用。

客群以丸之內附近的上班族、OL 以及來附近商場購物的客人為主，「雞湯關東煮」給人的感覺新穎，又帶有健康取向，因此頗受女性團客歡迎。

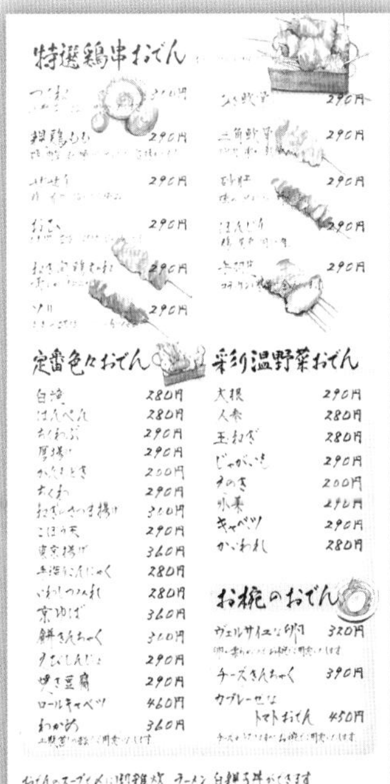

除了有 39 種從招牌到創新的基本關東煮食材，還會供應 2 ～ 3 種季節限定關東煮。

店家精心準備了搭配「雞湯關東煮」的調味料，讓客人吃不膩。桌上備有柚子胡椒、藥念醬、自製白醬油、白高湯製成的柚子醋這 4 種調味料，能享受多變滋味也是『かしみん』的魅力所在。

店鋪特色在於仿照京町家的土屋（譯註：日式建築中，介於玄關與房間的空間）設計而成，非常有臨場感的烹調區域。除了圍繞關東煮鍋的吧檯座位，另也有餐桌座位。暖簾上寫了「雞」字，想要強調「雞湯關東煮」。

SHOP DATA

＜地址＞東京都千代田区丸の内 1-4-1 丸の内永楽ビルディング iiyo!! B1F
＜電話＞ 03-6269-9666　＜營業時間＞午餐 11:00 ～ 15:00、晚餐 17:00 ～ 23:00、週日、國定假日 17:00 ～ 22:00　＜店休日＞不固定　＜規模＞ 21.56 坪、39 人
＜預算＞午餐：1000 日圓、晚餐：4000 ～ 5000 日圓　＜ HP ＞ http://www.salt-inc.co.jp/

能夠享受到雞隻許多部位，
「雞湯關東煮」招牌菜！

特選雞串關東煮

蛋雞腿肉 300 日圓（含稅）／雞骨盆肉 290 日圓（含稅）／蔥肉串 290 日圓（含稅）
雞牡蠣 290 日圓（含稅）／雞胗 290 日圓（含稅）／雞屁股 290 日圓（含稅））

「雞湯關東煮」裡知名度最高的就屬「特選雞串關東煮」了。
照片中的 6 種關東煮最受歡迎，客人點餐後會以雞湯烹煮再上桌。
店家使用九州產的種雞和蛋雞，客人能夠享受到雞肉帶有的鮮味與口感。
位於腿肉裡的「雞骨盆肉」和雞腿根部的「雞牡蠣」這類珍貴部位也非常有吸引力。
「雞屁股」會先火烤逼出油分後，再以高湯炊煮。

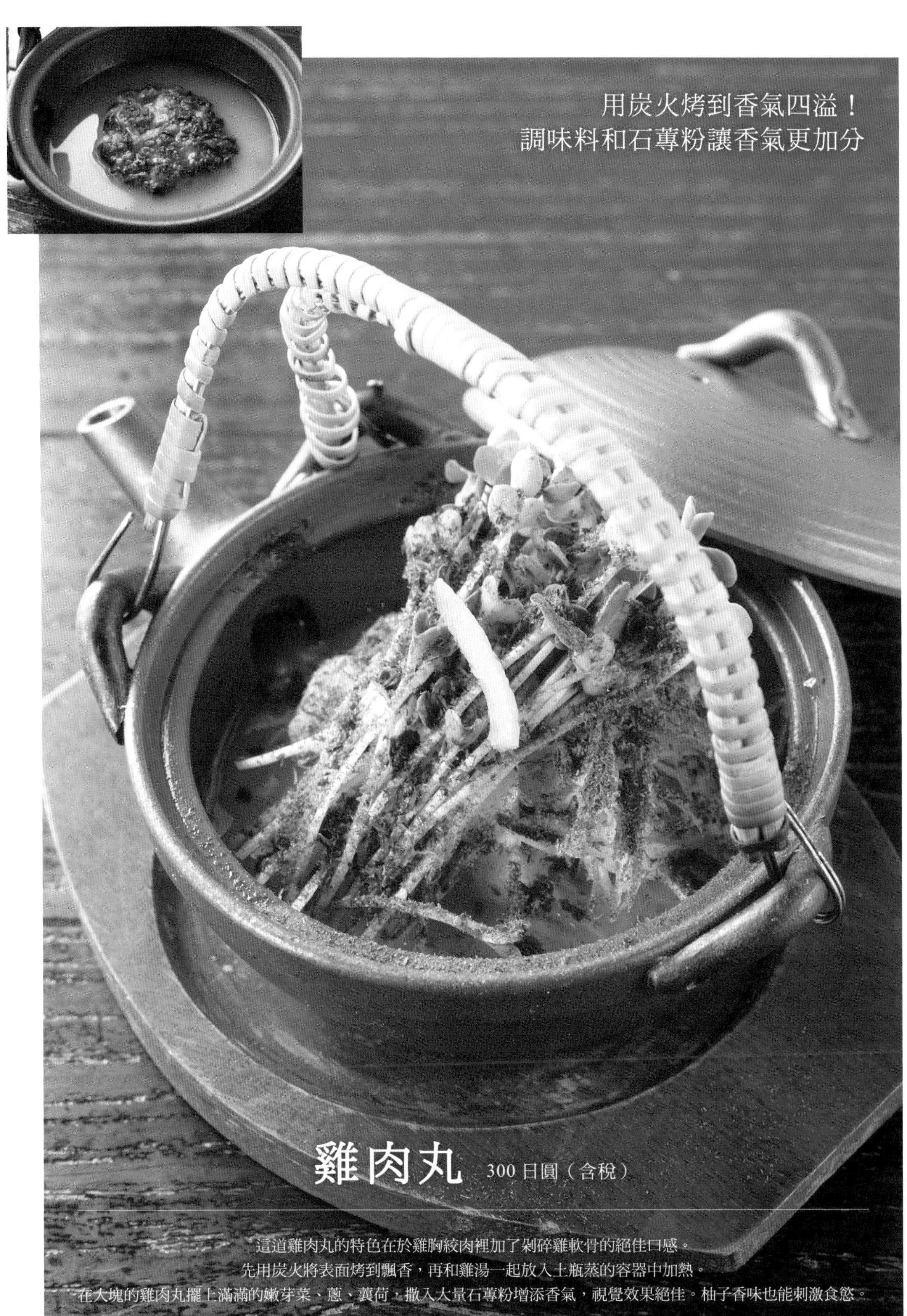

用炭火烤到香氣四溢！
調味料和石蓴粉讓香氣更加分

雞肉丸 300日圓（含稅）

這道雞肉丸的特色在於雞胸絞肉裡加了剁碎雞軟骨的絕佳口感。
先用炭火將表面烤到飄香，再和雞湯一起放入土瓶蒸的容器中加熱。
在大塊的雞肉丸擺上滿滿的嫩芽菜、蔥、蘘荷，撒入大量石蓴粉增添香氣，視覺效果絕佳。柚子香味也能刺激食慾。

連同雞湯一起品嘗
風味濃郁的溏心蛋！

厚實的海帶芽也能是關東煮！
使用土瓶蒸容器，講究盛盤擺設

凡爾賽蛋 320日圓（含稅）

這道雞蛋關東煮風味濃郁，堅持使用從佐賀縣養雞場直送的「凡爾賽蛋」。
用雞湯汆燙半熟後，佐上鴨兒芹和柚子皮便可上桌。
店內雖然會把多種關東煮裝在專用鍋供客人品嘗，不過雞蛋本身很軟，所以會另外備碗盛裝，以防雞蛋壓碎。

海帶芽 360日圓（含稅）

把三陸產的新鮮海帶芽做成關東煮。以土瓶蒸容器盛裝的獨特手法相當吸睛，客人則是能連同湯汁一起享用。
店家挑選厚實的海帶芽，客人點餐後再以雞湯稍微烹煮，因此爽脆的口感也是這道關東煮的魅力。
在海帶芽上擺放蔥、蘘荷、生薑泥作為佐料便可上桌。結合了海帶芽鮮味的雞湯美味，深獲客人好評。

時蔬關東煮

鮑魚菇／聖護院蕪菁／京胡蘿蔔　各時價

季節時蔬關東煮使用了大量會在冬天登場的根菜類。鮑魚菇的口感獨特，又有「陸地鮑魚」之稱，非常受歡迎。
客人點餐後再以雞湯炊煮。聖護院蕪菁和京胡蘿蔔以雞湯煮過後，能同時享受到根菜的甜味與雞湯的鮮味。
另外也會以春天的油菜花和竹筍、夏天的蘆筍、秋天的菇類做成季節限定關東煮供客人品嘗。

起司裡竟然有番茄！
驚喜也是種魅力的創意關東煮

卡布里番茄關東煮 450日圓（含稅）

靈感來自義大利卡布里沙拉的創意關東煮。使用莫札瑞拉起司，目標打造成女性會喜愛的番茄關東煮。
將整顆番茄汆燙去皮，客人點餐後再浸入雞湯裡，擺上起司燜蒸。
撒點黑胡椒點綴，最後擺上青紫蘇就能上桌。番茄從融化起司裡現身的驚喜也是種魅力。

居酒屋、餐酒館、酒吧的

關東煮高湯食譜

每間店的關東煮風味都不一樣，而關東煮的根本，就是會影響美味與否的「關東煮高湯」。除了有受歡迎的「鰹魚高湯」，另外還會介紹西洋的「法式清湯」、新穎的「海瓜子高湯」等，一起了解人氣店家是如何製作關東煮高湯。文中也會提到各店對於關東煮高湯風味的想法。

『歩きはじめ』的關東煮高湯

以羅臼昆布為基底的高湯能將主角的關東煮襯托出來

『歩きはじめ』的關東煮高湯秉持著必須是讓自己喝了也覺得美味的高湯，一路研究開發而成。無論如何，主角還是關東煮，高湯是用來襯托關東煮的配角，店家更致力鑽研如何讓高湯的味道夠清淡，客人能夠飲用，於是開發出高級京料理餐廳般，味道清淡高雅，卻又像庶民關東煮裡，可以讓人放鬆的滋味。目前的湯底材料中，更包含了高級的羅臼昆布。店家過去是使用其他昆布，但綜觀所有的昆布，羅臼昆布擁有強烈甜味，能減少完成時的砂糖添加量，展現自然鮮甜，於是決定尋找進貨管道，使用大量羅臼昆布。香氣展現上則是搭配了碾碎成粉末狀的柴魚類，和柴魚專門店討論後，決定以脂眼鯡（俗稱臭肉鰮）、花鰹為主體，混合鯖魚、沙丁魚，開發出獨創柴魚粉。

為了避免湯汁顏色太深，選用鹽、砂糖、酒、淡口醬油調味。高湯顏色接近關西風，相當澄澈，調味也盡可能地減到最少量，這也使得關東煮食材味道清淡，但是搭配不同的醬汁、醬油風味沾醬品嘗後，卻有能感受到多元變化。

風　味　結　構　圖

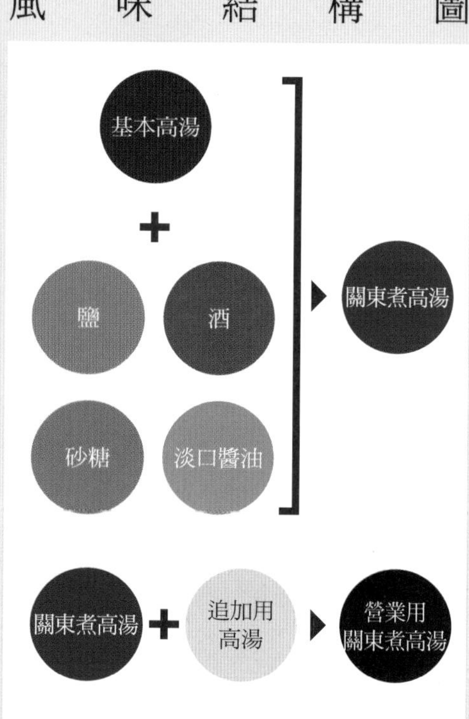

基本高湯（關東煮高湯湯底）

以羅臼昆布、裝有綜合柴魚粉的自製高湯包煮基本高湯。
昆布煮滾會變澀，所以要前一天先泡水，再以低溫加熱慢慢泡出味道。
反觀，柴魚類則是以高溫烹煮，加熱時間也會比昆布短。
基本高湯會作為關東煮高湯、營業中關東煮高湯蒸發時的湯底補充，也會運用在其他菜餚上。

材料（1次烹煮量、1日使用量）

水…40 ℓ
羅臼昆布…3片（每片約100g）
高湯包（每袋約500g／以脂眼鯡、花鰹為主，混合鯖魚、沙丁魚的柴魚片，磨製成獨創的柴魚粉）…2袋

MEMO

浮沫殘留會使湯頭變澀，所以烹煮過程中要隨時留意，看見浮沫時要立刻撈除乾淨。

作法

1 羅臼昆布泡水一晚，使其入味。

2 將①加熱，以60～70℃煮45～60分鐘，過程中要撈除浮沫。

3 高湯包加入②，以稍微冒泡的滾沸火候，烹煮20分鐘，過程中要撈除浮沫。

4 從③拿出昆布和高湯包，完成基本高湯。基本高湯還會作為營業中關東煮高湯蒸發時的湯底補充，另也會運用在烹調其他菜餚時。

＊製作營業用關東煮高湯

每1 ℓ 基本高湯取鹽7g、砂糖6g、酒15cc、淡口醬油7cc的比例混合，稍微煮沸就是關東煮高湯（用來烹煮關東煮食材）。將使用了14 ℓ 基本高湯製成的關東煮高湯和2 ℓ 的追加高湯（前一天營業用的關東煮高湯）混合後，就能完成當日營業用的關東煮高湯。

『男おでん』的
關東煮高湯

不使用醬油的京都風味高湯
昆布所呈現的淡薄顏色和深度滋味

『男おでん』的關東煮高湯不使用醬油，而是以鹽調味，目標呈現出色調淡薄的京都風味高湯。店家的高湯材料以昆布為主，並搭配柴魚，為的就是讓高湯顏色淡薄，味道卻有很有深度。不過，如果使用大量昆布煮湯，很難解決澀味及湯汁混濁的問題，於是店家選用無添加化學調味料的昆布濃縮粉和添加了昆布粉末的北海道產昆布鹽為高湯增添昆布才有的鮮味。

柴魚類則是請廠商依照訂單，配好用量及內容物並做成『男おでん』專用的高湯包，讓所有人員煮出的高湯味道都能一致。店家以鰹魚為基底，搭配沙丁魚、昆布、圓鰺混合製成的柴魚片，這樣的湯底味道不僅具深度，品質也很穩定。高湯不帶腥味，能與各種食材搭配。關東煮高湯分成兩鍋，一鍋是擺放白蘿蔔、雞蛋等不太有味道的食材，另一鍋則會放漿丸類等味道較重的食材。前者會使用每天現煮的基本關東煮高湯，後者則是把前一天煮蘿蔔、雞蛋的高湯和漿丸類高湯混合使用。許多關東煮食材都會在客人點餐後，再另外以小鍋子加熱，烹調時同樣會依食材種類區分 2 種高湯來使用。

風　味　結　構　圖

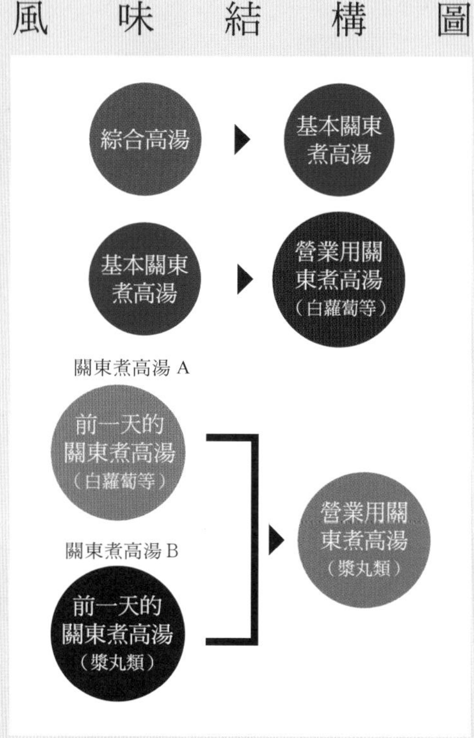

基本關東煮高湯

每天烹煮的基本關東煮高湯顏色澄澈淡薄，卻又帶有紮實的鮮味，能夠襯托出白蘿蔔這類清淡食材的風味。
以鰹魚片為主體，會有綜合柴魚粉的高湯包煮取湯汁，添加昆布濃縮粉、昆布鹽便可完成。
加入較大量的日本酒，能增添醇厚表現，提升保存性。

材料（1 次烹煮量）

高湯包（每袋 80g ／鰹魚片 40g、昆布 20g、沙丁魚乾 10g、四破魚 10g 混合磨製成柴魚粉）…2 袋
水…10 ℓ
日本酒…300 cc
昆布濃縮粉（㈱フタバ「まろこん」）…200 cc
昆布鹽…50g

MEMO

煮高湯包的時候水不能沸騰，才能避免湯頭變澀。

作法

1 水倒入大鍋，加入日本酒。開火，以水不會滾沸的火候加熱，放入高湯包，烹煮 15 分鐘。

2 熄火，拿出高湯包。加入昆布濃縮粉、昆布鹽。

＊製作營業用關東煮高湯

將「關東煮高湯」在營業當天倒入放有白蘿蔔等食材的關東煮鍋裡。

關東煮高湯 A　　關東煮高湯 B

打烊後，把上方用來加熱蘿蔔的關東煮高湯過濾並冷藏。隔天作為「關東煮高湯 A」使用。漿丸類關東煮的高湯同樣待打烊後過濾冷藏，隔天作為「關東煮高湯 B」使用。A、B 和水混合後，則作為漿丸類關東煮的湯底使用。

『びすとろ UOKIN ボン・ポテ』的
關東煮高湯

取牛舌煮成的琥珀色法式清湯
作為關東煮高湯

店家精心烹煮法式清湯作為湯底，希望打造成「法式關東煮」。製作法式清湯時，第一天要先煮肉湯湯底，第二天再加入牛小腿絞肉、蛋白，熬煮出法式清湯。高湯的基底是以牛舌為主體，搭配上豬腳、雞腳、提味蔬菜，所以結合了牛、豬、雞三種肉類的鮮味。耗時兩天，分兩階段精心製作的正宗法式清湯顏色澄澈漂亮，味道卻又非常濃郁。使用了自製的正宗法式清湯，也能與目前流行的肉類關東煮做出區隔。

關東煮食材會先以法式清湯燉煮，最後再依照每種食材去調味，讓客人享受一道道佳餚，所以作為湯底的法式清湯要夠清淡，才能有高雅風味。將蘿蔔佐上牛肝菌醬，雞蛋佐上松露美乃滋，搭配充滿西式風味的醬汁。

關東煮湯底無論是與肉類、根菜類、菇類都很相搭。不過，店內其實也有供應不適合用法式清湯的海鮮食材，這時就會另外準備魚高湯。

風味結構圖

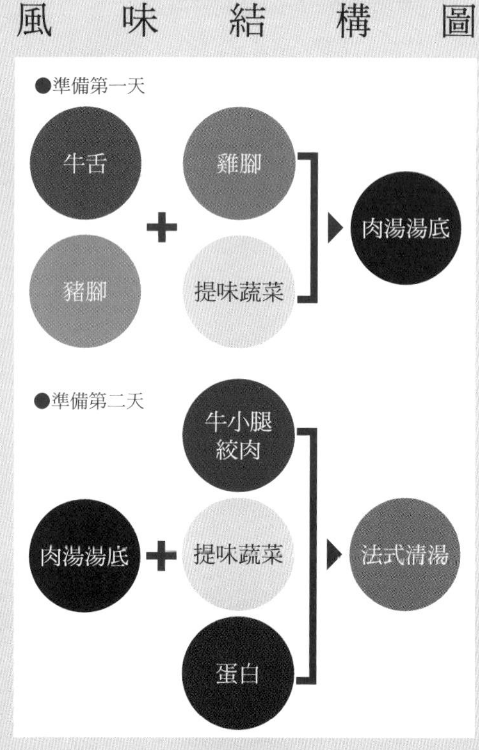

法式清湯（準備第一天）

遵循法式料理手法，耗時兩天精心製作法式清湯。第一天先製作肉湯湯底。
為了與其他業者做出差別化，這裡大手筆地使用牛舌為主要材料，熬取完湯汁後，也能作為關東煮供客人品嘗。
另外也搭配使用雞腳、豬腳等能讓湯頭更有滋味且富含膠質的部位，精心呈現出複雜鮮味。

材料（1次烹煮量）

牛舌…20 kg（10 ～ 12 條）
雞腳…2 kg
豬腳…8 支
胡蘿蔔…6 ～ 8 根
芹菜…6 ～ 8 根
洋蔥…6 ～ 8 顆
蔬菜不要的部分（胡蘿蔔皮等）
…適量
大蒜（整顆）…150g
黑胡椒粒…25g
百里香…1/2 把
月桂葉…6 片
水…30 ℓ

MEMO

一開始燉煮時，如果用大火煮到沸騰冒泡，很容易使湯汁變濁帶腥味，所以用微滾的火候慢火加熱即可。

作法

1 製作肉湯湯底。將胡蘿蔔、芹菜、洋蔥分別切半。

2 所有材料放入大鍋，加入能蓋過食材的水量。以微滾的火候加熱湯底，過程中要撈除浮沫，燉煮 6 ～ 7 小時。

3 從鍋中撈起牛舌（牛舌可做成關東煮，請參照 P.76、94），過濾鍋內湯汁，丟掉剩餘材料。

4 以小火烹煮湯汁 3 小時，煮到稍微蒸發收汁。常溫放涼，冷藏存放。

法式清湯（準備第二天）

在第一天熬取的肉湯湯底中加入牛小腿絞肉和蛋白拌製的漿料，繼續燉煮。
這個步驟不僅能增加味道深度，還能吸附肉湯裡的雜質。過程中還要加入烤到焦黑的洋蔥燉煮，就能吸收掉多餘的腥味。
最後過濾湯汁，就能完成既澄澈，風味又具深度的法式清湯。

材料（1次烹煮量）

肉湯湯底（第一天熬煮的湯汁量）
…全部
牛小腿絞肉…10 kg
蛋白…2 ℓ
洋蔥…3 kg
胡蘿蔔…2 kg
芹菜…1/2 把
月桂葉…10 片
黑胡椒粒…15g
鹽…70g

作法

1 洋蔥、胡蘿蔔、芹菜切薄片。

2 牛小腿絞肉放入大鍋，加入蛋白，不斷搓揉攪拌直到變黏稠。

3 1加入2拌勻，再加入溫熱的肉湯湯底，繼續攪拌。湯底分三次添加，攪拌到均勻。

4 開大火加熱3，用木鍋鏟持續攪拌鍋內物。加入月桂葉。當溫度達 68℃，蛋白與絞肉開始凝固變硬，就可以停止攪拌，但要繼續加熱，並撈除浮沫。

5 撈取浮在表面的蛋白肉塊，往鍋子邊緣堆放。

6 洋蔥（2 顆，份量外）切成帶點厚度的片狀，用大火烤到焦黑。

7 5的浮沫變少時，加入6與黑胡椒。滾沸後，繼續撈掉浮沫與油脂，以小火燉煮 6 ～ 7 小時。

8 撈掉焦黑的洋蔥。將剩餘的湯汁全部過濾。濾好的法式清湯加鹽調味，再以小火烹煮 1 小時。常溫放涼後，冷藏存放。

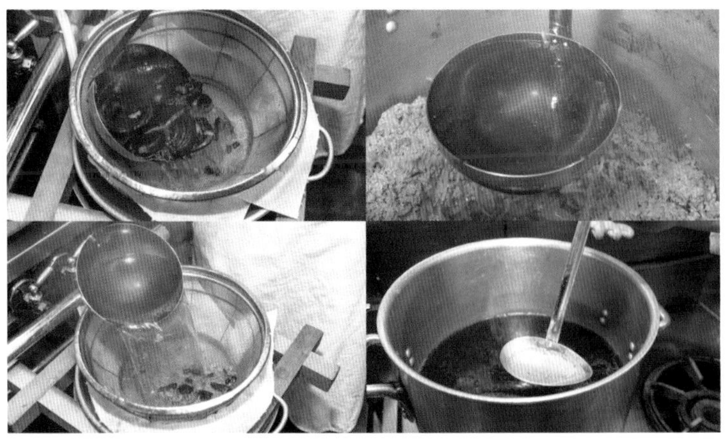

9 在步驟8留有肉菜渣的大鍋裡，加入能約莫能蓋過食材的水（份量外）。繼續以小火燉煮 3 小時，過程中要撈掉多餘油脂，加鹽（份量外）調味，將湯汁過濾，做為開店後用來追加關東煮鍋湯底的 2 番高湯。

MEMO

用夾雜著蛋白，凝固成塊的絞肉和蔬菜在鍋子邊緣圍繞出空心圓，這樣清湯就能在中間緩緩加熱，煮出澄澈不混濁的法式清湯。

『蛸焼とおでん くれ屋』的關東煮高湯

能立刻使用，香氣強烈
一整年都能呈現穩定風味的高湯

老闆吳屋良介在開店前其實也曾想說要推出雞骨高湯的關東煮，評估了烹煮過程後，發現會相當花時間，思考許久「有什麼關東煮高湯是既美味，烹煮又不耗時」後，終於開發出「海瓜子高湯關東煮」。如果是海瓜子高湯，只要殼打開就能馬上使用，不僅烹煮效率佳，客人對海瓜子的接受度也都不錯，站在備料的店家角度來看非常有魅力。

只用海瓜子烹煮高湯的話會很耗費成本，於是店家選用鰹魚高湯加入昆布展現深度，再添加雞骨調味粉強調鮮味，做成高湯湯底。營業時關東煮放在鍋內烹煮時，如果是使用海瓜子高湯，長時間加熱不僅會使香氣消失，成本也很可觀，所以關東煮鍋內是使用「高湯湯底」。用「高湯湯底」把關東煮煮到充分入味，再使用大量海瓜子煮成的「佐味高湯」，增添香氣。

夏天的海瓜子肉比較瘦，其他季節則非常肥美，肉質肥瘦並不會影響高湯風味，所以一整年都能品嘗到穩定的滋味。吳屋先生表示，「這樣雖然很耗費成本，但香氣強烈，還能立刻供應給客人，是非常有魅力的素材」。

風味結構圖

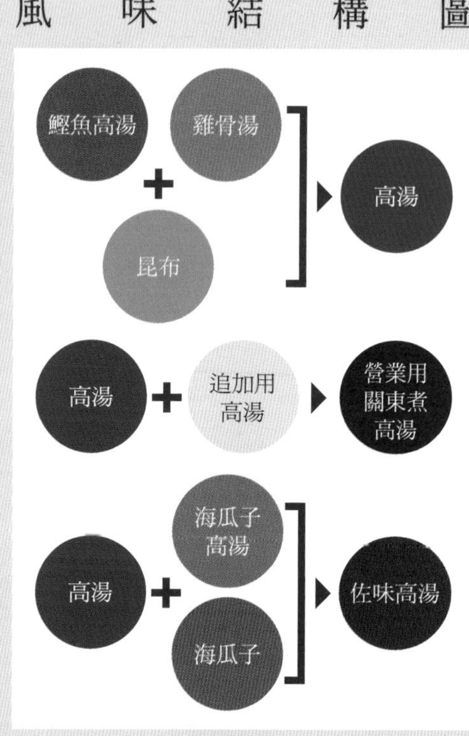

高湯（關東煮湯底）

「營業用」、「佐味用」、「關東煮入味用」所有湯類的「高湯湯底」。
老闆吳屋先生自己鑽研出用水稀釋 AIN 食品（アイン食品）的業務用海鮮稀釋湯後，
加入昆布，再加入雞骨調味粉增添動物性的濃郁度和鮮味去做炊煮，並提到「多番嘗試後，這樣的組合味道最棒」。

材料（1 次烹煮量）

鰹魚高湯
（內含鰹魚柴魚片、鯖魚柴魚片、昆布的業務用高湯）…1.2 ℓ
雞骨調味粉（顆粒）…70g
昆布…20g
水…20 ℓ

作法

1 所有材料入鍋，以大火加熱。

2 滾沸前要先取出昆布，避免湯汁變濁。

＊製作營業用關東煮高湯

材料（1 次烹煮量）

高湯湯底…5 ℓ
追加用高湯（前一天的營業用關東煮高湯）…500cc

作法

1 撈掉放在冰箱冷藏，追加用高湯的油脂。

2 開店前，把加熱後就能直接上桌給客人，不用再做其他調理的關東煮全部擺入關東煮鍋，倒入滾沸過的溫熱高湯湯底和1的追加用高湯。

海瓜子高湯

風味呈現的象徵，同時也是「佐味高湯」基底的「海瓜子高湯」。
合計 13 ℓ 的酒、水會使用 2kg 的海瓜子，加入海瓜子後要充分煮過，讓鮮味能完全展現出來。
撈起步驟⑤的海瓜子，去殼後和洗好的米一起放入電子鍋拌勻炊煮，做成「海瓜子飯」，將海瓜子 2 次利用。

材料（1 次烹煮量）

海瓜子…2kg
水…12 ℓ
酒…1 ℓ
岩鹽…40g
昆布…8g

MEMO

仔細撈除浮沫，高湯才會透明。

作法

1 海瓜子放入碗中，浸水（份量外、無鹽分）。浸水 30 分鐘吐沙，過濾後放回料理盆，冷藏備用。

2 把水、酒、岩鹽、昆布放入大鍋混合，大火加熱至滾沸。

3 即將滾沸前就把昆布撈起。繼續加熱 1 分鐘讓酒精蒸發。

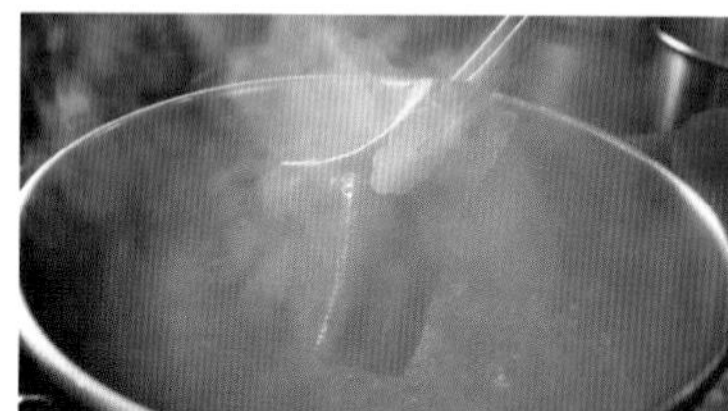

4 把①的海瓜子加入③，大火加熱沸騰後，轉小火繼續煮 30 分鐘。過程中有看到浮沫就要撈除。

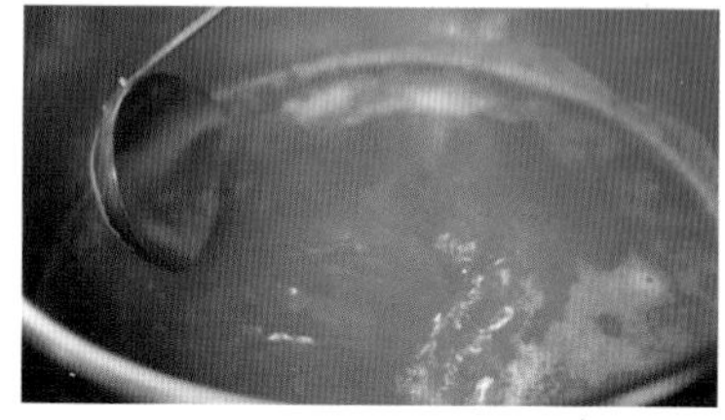

5 海瓜子殼打開後，就可以在容器裡放上濾網，鋪放餐巾紙，再將④撈起過濾。

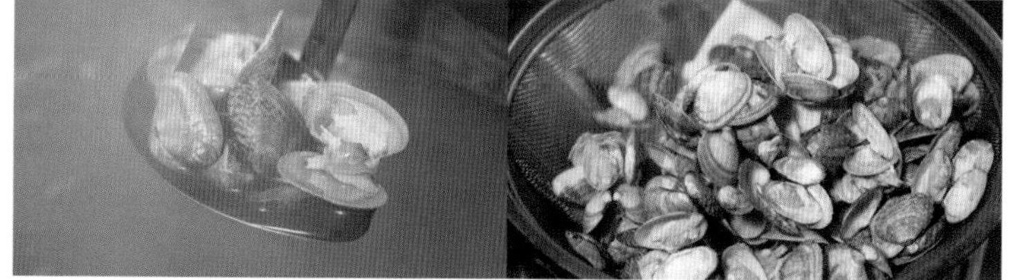

6 放涼後，將⑤連同容器一起保存。

佐味高湯

「貝類殼剛掀開時最香」，所以店家把「海瓜子高湯」和「高湯湯底」混合，
再加入海瓜子加熱，殼掀開後馬上熄火，澆淋在盛盤的關東煮上，作為「佐味高湯」。
店家也會看實際的來客狀況去料理，將現煮的佐味高湯澆淋在關東煮供客人享用。

材料（16 盤份）

海瓜子…250g
海瓜子高湯（參照 P.192）…400cc
高湯湯底（參照 P.191）…400cc

MEMO

趁海瓜子的殼剛掀開，最香的時候熄火，並立刻盛盤。

作法

1 把海瓜子高湯、海瓜子、高湯湯底放入小鍋子以大火加熱。

2 湯汁煮滾，海瓜子殼掀開時就可熄火。過程中要持續撈除浮沫。

3 客人點餐後，再把關東煮食材配上 2 顆海瓜子，淋上佐味高湯（約 50cc）。

『アカベコ』的 關東煮高湯

使用身體肉、內臟肉 6 種基本部位，再利用追加高湯展現複雜鮮味

『アカベコ』的「肉類關東煮」高湯的特色在於來自眾多肉類與提味蔬菜的複雜鮮味。店家在烹調時是預設客人會沾取桌上擺放的調味料品嘗，所以關東煮高湯只加鹽，目的只在於能夠展現素材滋味，所以用量極少，口味清淡。肉類關東煮烹調後不帶腥味，且風味清爽。

店家會先以前一天的關東煮高湯製作追加用高湯，所以味道深度會日益增加。高湯所使用的肉類在烹煮過後，會先把高湯過濾，剩下的肉類則直接做成關東煮供客人品嘗。包含了牛頰肉、牛腱、仔牛小腿肉、豬五花、牛肚、雞翅腿 6 種不同種類、不同部位的肉類，當中也有內臟類，所以燉煮後更是美味，高湯味道也非常足夠，是能享受到多元變化的材料組合。不過，店家並非每天都準備 6 種肉類，而是先評估當天哪種肉類關東煮可能缺貨，並在前一晚放入關東煮高湯裡，燉煮所需湯底。另外也會在關東煮高湯加入提味蔬菜，讓風味更有深度。與其說是日式料理的湯汁（日文為吸い地），反而更像較濃郁的法式清湯，用鹽量則會依當天使用的肉類做調整。

風　味　結　構　圖

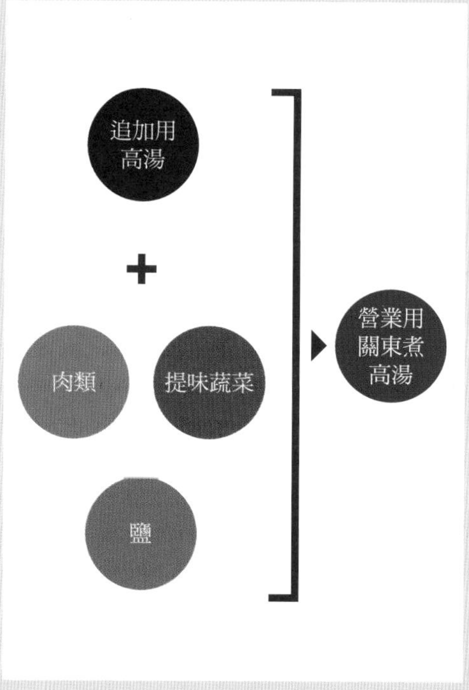

肉類關東煮高湯

「肉類關東煮」使用的高湯富含肉類與提味蔬菜的鮮味，屬於鹽味關東煮高湯。
除了使用牛頰肉、牛腱、仔牛小腿肉、豬五花、牛肚、雞翅腿6種肉類，
還會把每天要準備的食材，跟著提味蔬菜一起加入前一天的追加用高湯裡慢火烹調，
熬煮出澄澈、不混濁且不帶腥味的關東煮高湯。

材料（1次烹煮量）

追加用高湯
（前一天的營業用關東煮高湯）
…適量
牛肚…1 kg
大蔥（蔥綠部分）…適量
生薑（切片）…4片
鹽…適量
水…適量
<肉類> ※會依每天情況做調整。
牛頰肉…1kg
豬五花（上州豚豬）…1kg
仔牛小腿肉…300g
雞翅腿…10隻
<香味蔬菜類>
洋蔥…1顆
芹菜…1/3根
胡蘿蔔（大）…1/2根
大蔥（蔥綠部分）…2根
月桂葉…1片
黑胡椒粒…適量

作法

1 牛肚放入鍋中，加水。放入大蔥、薑片，開火加熱，沸騰後撈起牛肚。

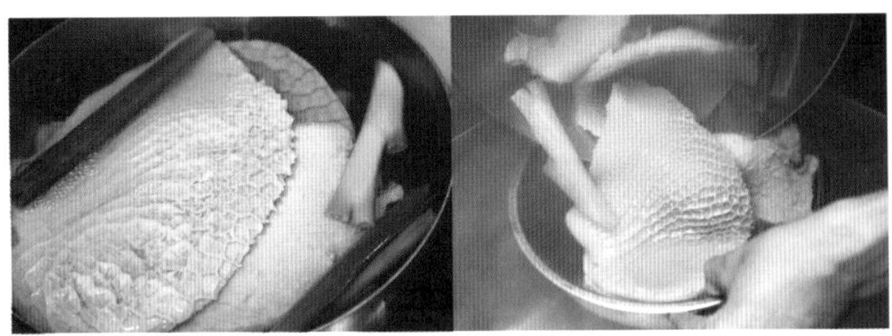

2 另外準備一只鍋，倒入半鍋的追加用高湯，繼續加水直到滿鍋，接著加鹽。

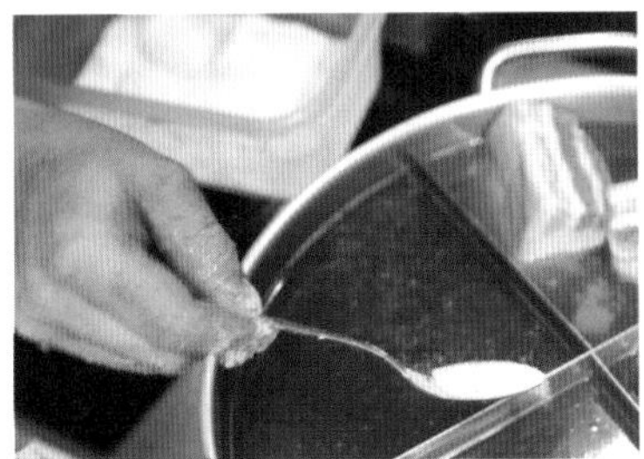

3 加熱2，湯汁沸騰後加入肉類，持續加熱，但要控制在不會大滾的火候，撈除浮沫。

4 當3的湯鍋不再冒出浮沫時，就可以加入提味蔬菜、月桂葉、黑胡椒粒和1的牛肚，並繼續燉煮。將所有食材煮到軟爛（約1天）就可取出，過濾湯汁便大功告成。肉類放涼後，置入冷藏存放，並於隔天開店使用。

『板前バル』的關東煮高湯

飛魚帶鮮、鮭魚帶甜，以獨創風味和濃郁度展現自我風格

『板前バル』是以飛魚高湯關東煮展現獨創性。總廚師長高木雄一先生負責開發關東煮高湯的湯底，各店鋪則是再把高湯的素材比例做精心調配。高木先生所屬的銀座八丁目店是在鰹魚片和昆布煮成的 1 番高湯，加入飛魚柴魚片。這樣的湯底不僅風味紮實濃郁，還能發揮飛魚高湯所具備的深度風味。

追加用柴魚片的主要材料是增添鮮味的飛魚柴魚片，占所有食材份量的一半。飛魚油脂含量少，口味清淡，做成飛魚乾再刨成柴魚片，煮出來的高湯口感高尚，卻又具備強烈鮮味。另外也使用了昆布、鰹魚的荒節柴魚片，還有幾年前開始添加的鮭魚柴魚片，讓關東煮高湯帶點微甜。

如此高尚又濃郁的關東煮高湯，結合了職人發揮眼光挑選優質食材，不做過多處理，讓客人直接享受的關東煮食材，這樣的搭配手法也讓關東煮給人的印象更為強烈。店家不斷改良精進，投入職人的本領，讓『板前バル』的關東煮高湯日益進化。

照片右後方順時針依序為真昆布、飛魚柴魚片、鮭魚柴魚片、鰹魚柴魚片（1番高湯用）、荒節柴魚片，店家會向不同業者分別採購頂級乾貨。『板前バル』會直接丟棄前一天剩下的關東煮高湯，以每天在 1 番高湯追加柴魚片的方式，展現柴魚的美妙滋味與香氣。

風　味　結　構　圖

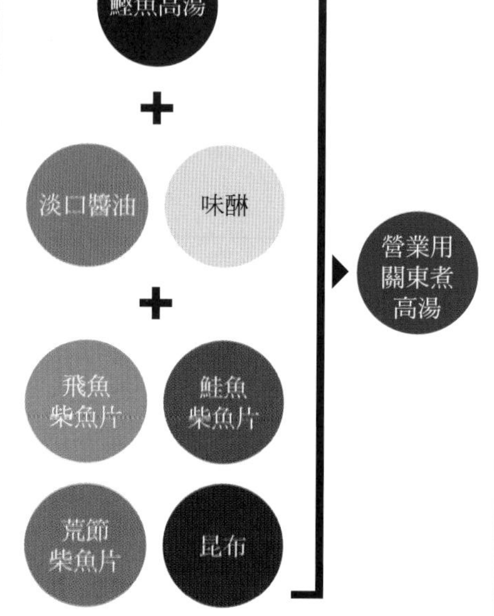

關東煮高湯（飛魚高湯）

飛魚高湯常見於日本西南部及東北地區。
『板前バル』的關東煮高湯具備了飛魚擁有的高尚鮮味。不過，因為店家會從日本各地採購當季食材做成關東煮，所以湯底的調味既不如關西風味那麼清淡，也不像關東風味般濃郁，而是介於兩者之間，能充分展現出飛魚高湯的層次感。

＊柴魚高湯

材料（1次烹煮量）

水…11.5 ℓ
昆布…2片（每片12～13g）
鰹魚片…500g

MEMO

使用上述份量的材料可準備一個14～15 ℓ 左右的鍋具，加入8分滿的水。

作法

1 鍋子倒水，輕輕擦拭昆布表面，放入鍋中一晚。

2 開火加熱，滾沸前取出昆布，加入柴魚片。

3 讓2再次滾沸，撈除浮沫。

4 熄火，稍作靜置讓柴魚片沉入鍋底，用濾布過濾湯汁。

＊製作營業用關東煮高湯

材料（1次烹煮量）

鰹魚高湯…360 cc ×28杯
淡口醬油…360 cc
味醂…360 cc

<追加用柴魚>
飛魚柴魚…130g
鮭魚柴魚…50g
荒節柴魚…50g
昆布…20g

MEMO

營業期間關東煮高湯會稍微蒸發，所以要懂得做調整，以免湯頭表現太複雜。

作法

1 把所有柴魚、昆布包入萬用料理紙裡。

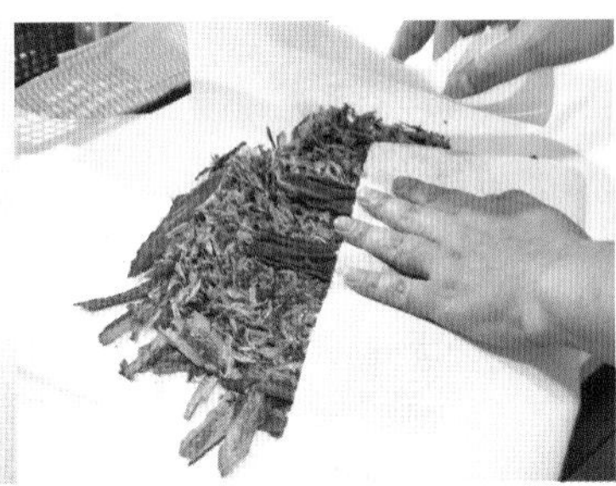

2 關東煮食材擺入大鍋子，接著將1放在上方，蓋住食材。

3 另外準備一個鍋子，倒入鰹魚高湯、淡口醬油、味醂並加熱。

4 3煮滾後，加入2的大鍋子，從中火轉至小火燉煮40～50分鐘，稍微收掉湯汁。湯汁收剩360cc×24份的份量時就可熄火，置於常溫放涼。

『和GALICO寅』的關東煮高湯

既是關東煮高湯，也能作為其他各種料理用湯

『和 GALICO 寅』的關東煮高湯其實也是其他料理用湯，會這麼做並不是貪圖簡單方便。因為對『和 GALICO 寅』來說，菜單裡的「關東煮」不只是關東煮，而是將其定位成日式料理中的「一道佳餚」，也使得料理本身的包容度十足。

因此店家的高湯材料並非使用一般常見的鰹魚片和昆布，而是加入飛魚、沙丁魚、鯖魚的柴魚片和香菇，讓這些鮮味成分結合為一。這麼做不僅能讓彼此不足的鮮味形成協調互補，還能孕育出獨特且帶深度的美味。

店家是取上述等量的柴魚類和香菇磨粉，再將粉末填入高湯包使用。最後視味道加鹽調味即可，另外也會用高湯稀釋味噌做其他運用。高湯粉還可以加入金平料理，或是和味噌混合，增加鮮味的層次，這般精心烹製而成的高湯更是決定店內其他料理味道的關鍵。

風　味　結　構　圖

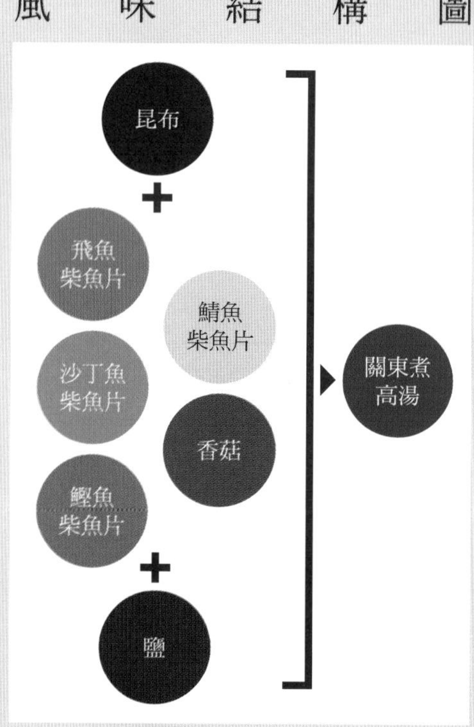

關東煮高湯（綜合高湯）

在泡水一晚的昆布水，加入綜合柴魚粉高湯包並加熱煮滾就可以先熄火。
1 小時後取出湯包，撒點鹽調味，就能完成關東煮高湯。
綜合柴魚粉包含了等比例的飛魚、沙丁魚、鰹魚、鯖魚 4 種魚類和香菇磨成的粉末。
事先製作好高湯包就能避免烹煮出來的味道因人而異，高湯的整體表現也會非常穩定。

材料（1 次烹煮量）

水…2 ℓ
羅臼昆布（5cm 寬）…2 片
高湯包（每袋 30g ／飛魚、沙丁魚、鰹魚、鯖魚製成的柴魚和香菇粉等比配製而成）…4 袋
鹽…1g

MEMO

日式料理的關鍵在於高湯。『和 GALICO 寅』的關東煮不只是關東煮，更是日本料理中的「菜餚」，所以非常講究必須兼具兩者的風味。

作法

1 鍋子裝水，放入羅臼昆布浸泡一晚。

2 隔天取出昆布後加熱。接著放入高湯包，煮滾後就可熄火。

3 1 小時後取出高湯包，加鹽調味。

TITLE

居酒屋・餐酒館・酒吧　關東煮料理

STAFF

出版　瑞昇文化事業股份有限公司
編著　旭屋出版編輯部
譯者　蔡婷朱

總編輯　郭湘齡
責任編輯　蕭妤秦
文字編輯　張聿雯
美術編輯　許菩真
排版　曾兆珩
製版　明宏彩色照相製版有限公司
印刷　龍岡數位文化股份有限公司

法律顧問　立勤國際法律事務所　黃沛聲律師
戶名　瑞昇文化事業股份有限公司
劃撥帳號　19598343
地址　新北市中和區景平路464巷2弄1-4號
電話　(02)2945-3191
傳真　(02)2945-3190
網址　www.rising-books.com.tw
Mail　deepblue@rising-books.com.tw

本版日期　2022年12月
定價　480元

ORIGINAL JAPANESE EDITION STAFF

デザイン　1108GRAPHICS
取材　大畑加代子　佐藤良子　森下右子　中村　結　印東義則
撮影　後藤弘行　曽我浩一郎（旭屋出版）／
間宮　博　中村公洋　三佐和隆士　渡部恭弘
編集・取材　北浦岳朗

國家圖書館出版品預行編目資料

居酒屋.餐酒館.酒吧 關東煮料理 : Modern oden/旭屋出版編輯部編著 ; 蔡婷朱譯. -- 初版. -- 新北市 : 瑞昇文化事業股份有限公司, 2022.02
200面 ; 18.2 x 25.7公分
譯自 : 居酒屋.ビストロ.バルのおでん料理 : Modern oden
ISBN 978-986-401-538-2(平裝)

1.CST: 食譜 2.CST: 日本

427.131　110022193